目录

＊黑色数字是作品所在页码，红色数字是编织方法所在页码。

＊本书中使用的均为日本和麻纳卡毛线。

本作品使用纯羊毛毛线编织，线条绝妙，触感舒适。披肩呈木莓花样，凹凸有致，颇有魅力。

木莓花披肩

编织方法P50

设计、制作 / 风工房

也许您会认为："织一个披肩花费时间太长……"
那么我为您推荐这款同样是木莓花样的迷你围巾。
小巧玲珑，时尚暖心。

木莓花迷你围巾

编织方法P49

设计、制作 / 风工房

本作品为雏菊花披肩，齐腰长，质感丰富。在两端的袖子上部宽松，袖口处收紧，穿着不用系紧，随意搭配便是乐趣所在。

雏菊花披肩

编织方法P52

设计、制作 / 风工房

此款外套使用两种不同色彩的毛线混织而成。时尚的款式、深邃的色彩让人爱不释手。乍一看可能会觉得色彩过多，过于复杂，实际上却是最简单的起伏针编织的作品。

起伏针外套

编织方法P54

设计、制作 / 加藤妙子

在粗细不同的毛线中加入羊毛线，编织时三根合在一起，触感极其柔软。采用色差较大的纽扣作为装饰，更显俏皮可爱。

孩 子 的 长 背 心

编织方法P58

设计、制作 / 加藤妙子

这款保暖衣的两只袖子、两只裤脚都分别采用不同颜色的毛线编织，充满童真童趣。暖色调的帽子可以遮住宝宝脸颊，既保暖又可爱。

宝宝的保暖衣

编织方法P60

设计、制作 / 加藤妙子

帽子采用和背心同样的颜色和简单的图案，简约又美丽。

传统花样帽子

编织方法 P44

设计、制作 / 柴田 淳

传统前开式背心

传统的图案给人一种怀旧的感觉，色彩选用简单的红、白、灰，效果立体。整个背心呈 T 字形，可以像叠纸一样折叠，整理起来非常简单，这款传统前开式背心就完成了。

编织方法 P42

设计、制作 / 柴田 淳

前门襟使用仿皮草线编织而成，看上去就很温暖，
又不失时尚。下摆加入了颇有人气的麻花辫编织。

横编式带毛领的马甲

编织方法P64

设计、制作/柴田 淳

奢华的毛领

使用棒针编织而成的宽毛领，微微泛光的、厚厚的绒毛给人留下高贵的感觉。和披风搭配在一起也会有出色的效果。

编织方法 P57

设计、制作 / 风工房

深灰色短斗篷

既可清新，亦可高贵的百搭型深灰色短斗篷。为了更好地凸显出肩部的柔美线条，选用了弹性较好的柔软毛线。

编织方法 P68

设计、制作 / 风工房

用简单的等针直编也可以编织成连肩袖！其中可是有秘诀的哟：使用的是加入了粒结的超粗羊毛线，所以色调也更为丰富！

桃红色覆盆子花背心

编织方法P66

设计、制作/柴田 淳

使用下针和上针编织而成的美丽围领式迷你斗篷，
实用性强，正反两面都可以穿的绝美作品。

围领式迷你斗篷

编织方法P69

设计、制作/风工房

使用中粗平直毛线编织的竹篮花围脖保暖性极好，亮蓝色的毛线更好地凸显了竹篮花样，无论是简约的还是时尚的人士都能够完美驾驭。

竹篮花长围脖

编织方法 P70

设计、制作 / 风工房

竹篮花围领

编织方法 P71

设计、制作 / 风工房

减小宽度和长度就能织出这款迷你的竹篮花围领，小巧又保暖。

水珠形的图案紧密排列，令人愉悦。也可以使用两种稍有色差的毛线编织出富于变化的图案。用环形针将整个帽子编织成筒形，再收紧帽顶便完成了！

B

A

C

水珠花帽子

作品 A 使用茶色作为底色，点缀上绿色和水绿色的水珠形图案。

作品 B 使用红褐色作为底色，点缀上玫瑰色和粉红色的水珠形图案。

作品 C 使用棕色作为底色，点缀上朱红色和橙色的水珠形图案。

3 款作品均使用中粗平直毛线。

编织方法 P45

设计、制作 / 柴田 淳

将等针直编的围巾上穿过毛线系带，可以将两端系紧，突出了女性的柔美。如果不用毛线系带，也可以用缎带或者天鹅绒带代替。

A

B

系带式围脖

作品从左到右分别是：

作品 A 黑色超粗平直毛线和白色极粗毛绒线织成的间隔条纹。

作品 B 黄色超粗平直毛线和茶色极粗毛绒线织成的间隔条纹。

作品 C 橙色超粗平直毛线和红黑色混合的极粗毛绒线织成的间隔条纹。

C

编织方法 P72

设计、制作 / 柴田 淳

红色、绿色、橙色、紫色、玫瑰色……就像打开了蜡笔盒子一样，呈现在您眼前的这条多彩围巾，可以随意搭配任何色调的上衣。

多色百搭长围巾

编织方法 P67

设计、制作 / 风工房

不论是编织过程，还是戴上它出门，都让人心情愉快！不同的两种颜色编织出立体的直条纹，充满新意。伸缩性极好，戴起来特别舒适。

双色直条纹帽子

作品 A 紫粉色为底色加上白色的条纹。
作品 B 绿色为底色加上紫粉色的条纹。
作品 C 黄色为底色加上灰色的条纹。
3 款作品均为中粗平直毛线。

编织方法 P73

设计、制作 / 柴田 淳

A

可爱的设计不乏亲切感。
戴起来毫不费工夫，
是这款头巾式帽子的过人之处。
用简单的针法编织出帽子和系带，
赋予它新的感觉。

B

怀旧风头巾式帽子

D

C

作品从上到下分别是：
B 粉玫红色毛线加灰色系段染羊毛线混织而成。
C 深栗色毛线加松针色的羊毛线混织而成。
D 深玫红色毛线加红色系段染羊毛线混织而成。
P30 的帽子 A 是由紫色毛线和灰色系段染羊毛线混织而成。

编织方法 P46

设计、制作 / 加藤妙子

2团粗花呢毛线和1团超粗段染羊毛线编织的围巾。
因为是大粒结的超粗段染羊毛线，所以两端比较厚。
这是手工编织独有的乐趣。

A

三　股　围　巾

作品 A 是紫红色粗花呢毛线和紫色系超粗段染羊毛线混织而成。
作品 B 是黑灰色粗花呢毛线和灰色系超粗段染羊毛线混织而成。

编织方法P74

设计、制作 / 加藤妙子

B

这是我一直以来都想尝试的花形，使用了多种颜色编织，给人活力。作品中用到了多达13种不同颜色的毛线，制作完成后会有满满的成就感！

色 彩 丰 富 的 保 暖 护 腿

编织方法 P47

设计、制作 / 风工房

可以戴在手腕上的厚手套，在寒风中温暖呵护您的双手。没有编织手指，购物时会十分方便。

无 指 手 套

作品从左到右分别是：
A 原色超粗平直毛线和深褐色超粗花呢毛线编织的条纹。
B 藏青色超粗平直毛线和淡褐色超粗花呢毛线编织的条纹。
C 绿色超粗平直毛线和灰色超粗花呢毛线编织的条纹。

编织方法P75

设计、制作/加藤妙子

从起伏针挑针的方法

P07 起伏针外套
P08 孩子的长背心
P09 宝宝的保暖衣
P37 无指手套

※为了方便说明，下图毛线颜色有所更改。

1 将编织物正面对自己，从最边上一边和与其相邻一排的中间将棒针从左到右插入挑针。

2 将棒针挑起的所有针目，织下针。此时，第一行（挑针）完成。

衣领内侧的挑针方法

作品P07 起伏针外套

※为了方便说明，下图毛线颜色有所更改。

1 将所织的外套身片的反面面对自己，将棒针依次插入最后一行的针目中依次挑起。

2 将棒针挑起的所有针目织下针。此时，衣领内侧的第一行（挑针）完成。

在两端增加73针的方法

作品P11 传统前开式背心

卷针加针

在右端时

1 下针编织80行后，面对织片的反面，将线头如图中所示挂到左手大拇指和食指上，按箭头所示做卷针加针。

2 完成1针卷针加针后的样子。

3 以同样的方法做73针卷针加针。

在左端时

4 返回织片的正面，在下一行织下针直至本行结束。然后暂时休针。

※为了方便说明，步骤5~8中颜色有所更改。

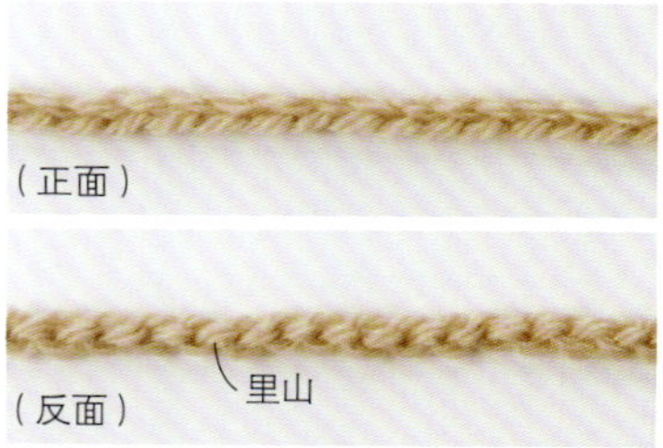

5 将起针处毛线用钩针钩织73针锁针。

6 拿起之前休针的部分，如图所示，将针插入所织的锁针的里山当中，并在棒针上挂线。

7 将线拉出，如图所示挑织1针。

8 重复步骤6~7，共挑织73针。

水珠花的编织方法

P23 水珠花帽子

※环形编织

※本页中水珠花的条纹配色与作品彩图中的略有不同。

水珠花的编织符号图

□ = ⊟ 下针

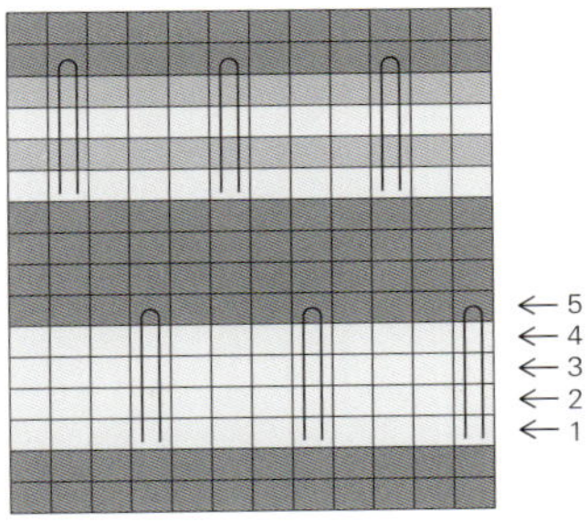

第 1 行

1 织3针下针后，将毛线挂至右棒针上(★)，如图示用右手食指按住。再将右棒针如图示方向插入到左棒针的箭头处，挑至右棒针。

2 挑针后的状态。重复织“下针 3 针，挂线，挑针”。

第 2 行

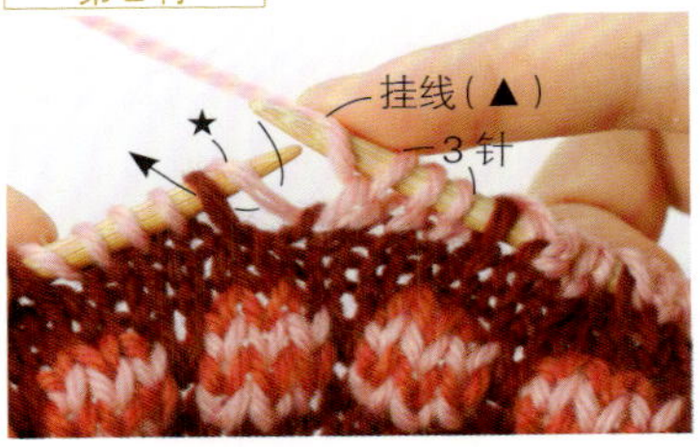

3 织3针下针后，将线挂到右棒针上(▲)，用右手食指按住。然后将右棒针按图示方向插入左棒针的2针中挑过去。

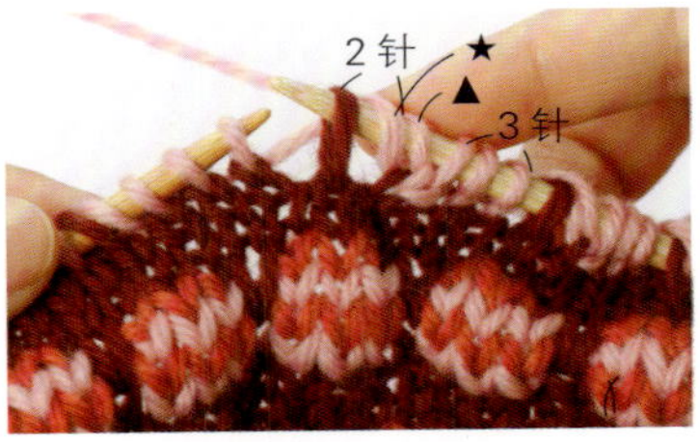

4 在挑过去的针中，重复编织“下针3针，挂线，挑2针”。

第 3 行

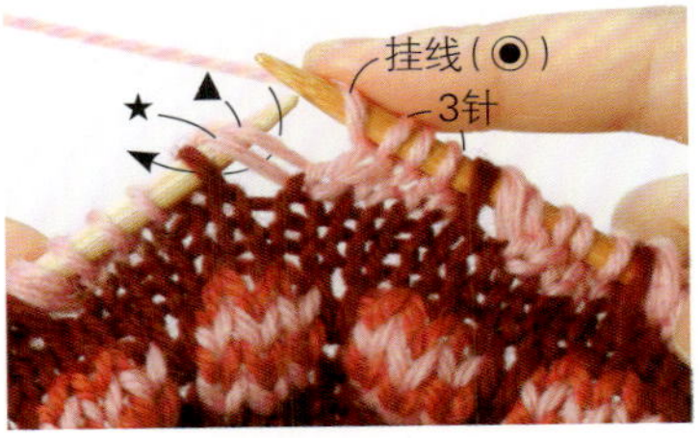

5 织3针下针后，将毛线挂到右棒针上(◉)，然后用右手食指按住。将右棒针如图示方向插入左棒针的3针中，再挑过去。

第 4 行

6 织3针下针后，将毛线挂到右棒针上(◆)，用右手食指按住。将右棒针如图示方向插入左棒针的4针中，再挑过去。

第 5 行

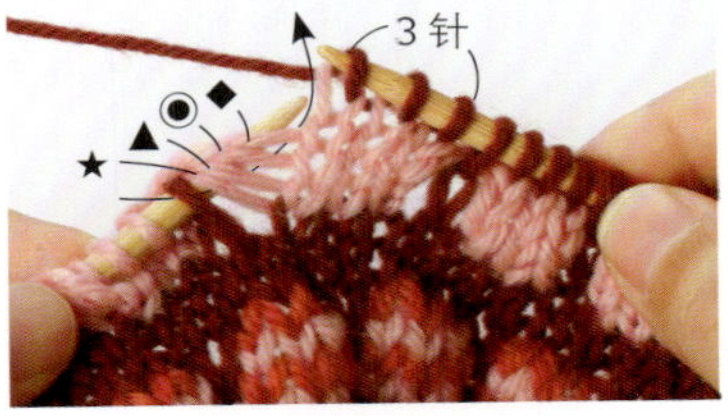

7 改变底色毛线的颜色继续编织。织3针下针后，将右棒针按图示方向穿过左棒针上的5针，然后挂线抽出。要注意一个要领：编织时要注意如图将所有针都挑过去。

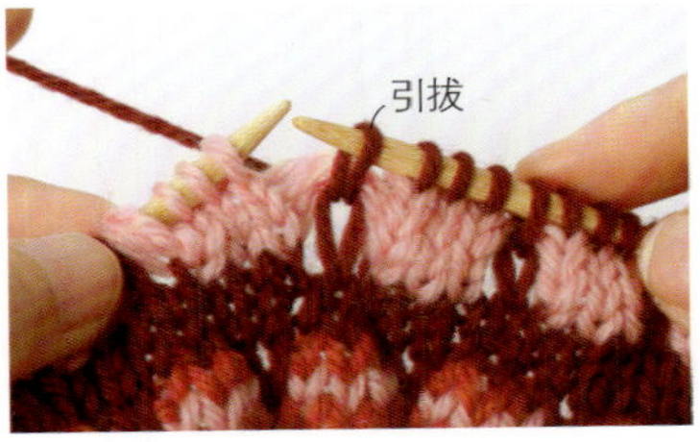

8 完成上挑针。

配色图例

竹篮花的编织方法

P21 竹篮花长围脖

P21 竹篮花围领

※往返编织

竹篮花的编织符号图

□ = 丨 下针

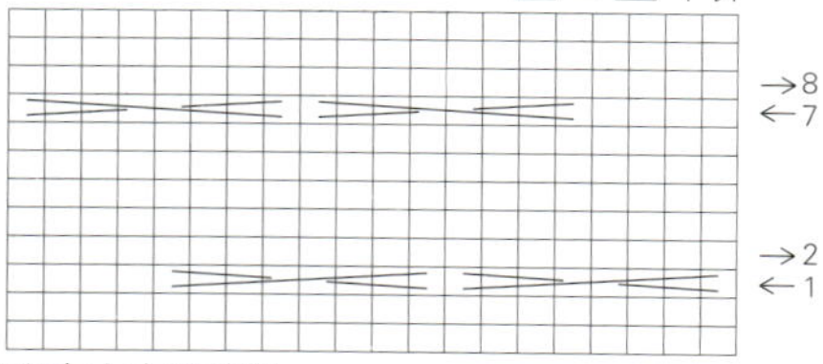

※ 每隔 6 行，隔 4 针往返编织右上交叉编织和左上交叉编织。

右上 4 针的交叉编织

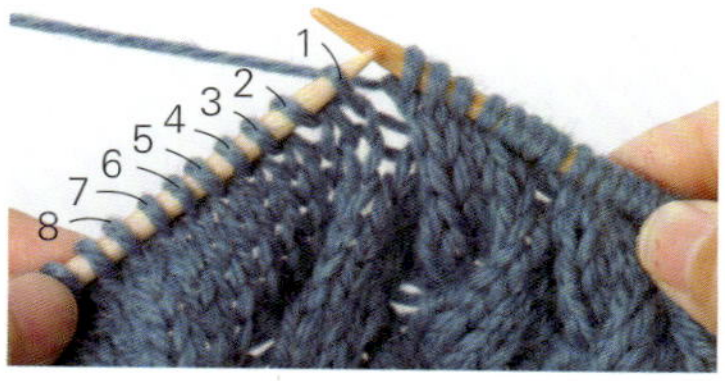

1 将左棒针上的针目 1 ~ 4 依次移到麻花针上。

2 将移到麻花针上的针目 1 ~ 4 放到前面。左棒针上的针目 5 ~ 8 依次织下针。

3 再将移到麻花针上的针目 1 ~ 4 依次织下针。

4 右上 4 针的交叉编织就完成了。

左上 4 针的交叉编织

1 将左棒针上的针目 1 ~ 4 依次移到麻花针上。

2 将移到麻花针上的针目 1 ~ 4 放到后面。左棒针上的针目 5 ~ 8 上依次织下针。

3 再将移到麻花针上的针目 1 ~ 4 依次织下针。

4 左上 4 针的交叉编织就完成了。

双色直条纹的编织方法

P29 双色直条纹帽子

※环形编织

直条纹的编织符号图

▭ = 粉红色

▭ = 嫩绿色

□ = 丨 下针

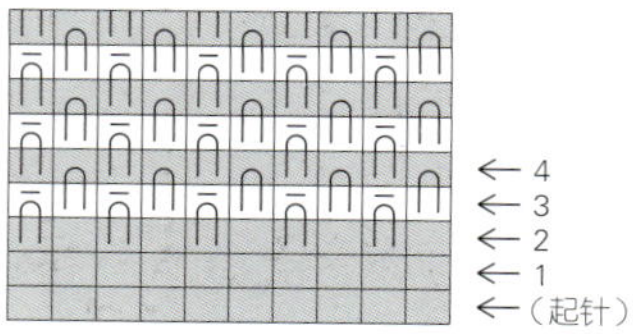

※在此将底色为粉红色，配色为嫩绿色进行说明。

第 2 行

1 用粉红色的毛线起针66针，在第1行织下针。第2行的开始第1针织下针。

2 在右棒针上挂线(★)，并用右手食指按住。然后将右棒针按照图示插入到左棒针箭头处，挑起。

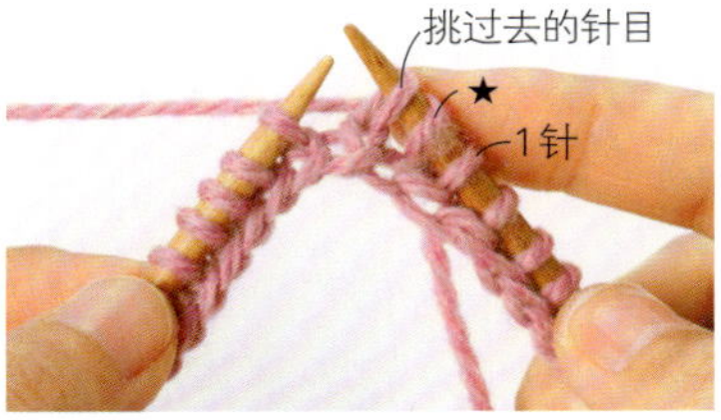

3 挑过去之后，重复编织"1针下针，挂线（★）、挑针"。

4 最后将毛线绕至面前暂时放置不管。

第 3 行

1 换嫩绿色的毛线编织。先将嫩绿色的毛线挂到右棒针上（▲），用右手食指按住。然后将右棒针按照图示插入到左棒针箭头处，挑起。

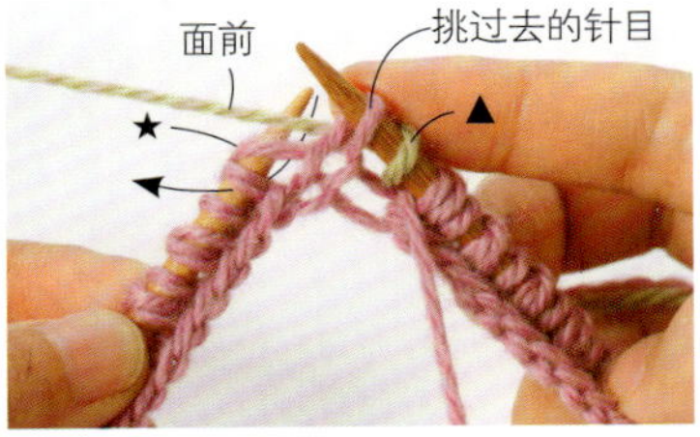

2 挑过去之后，将毛线绕至前面，然后将右棒针按箭头所示方向插入左棒针的 2 针中，最后将毛线抽出，织上针。

3 上针拉针处。同样重复编织"挂线、挑针、上针拉针"。

4 一直织到此行结束。

第 4 行

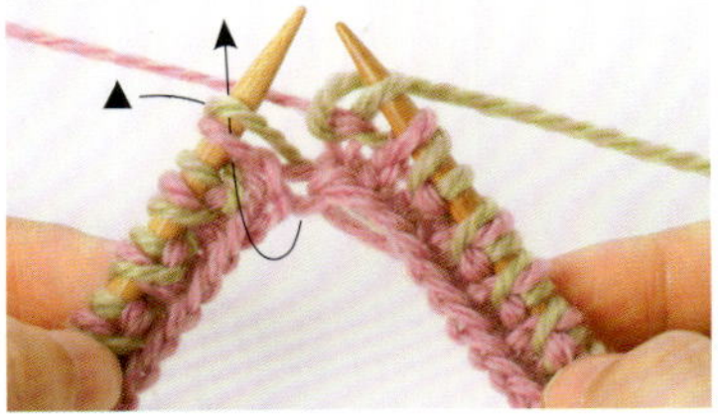

1 换粉红色毛线先编织一行。嫩绿色毛线依次穿过粉红色毛线的上方，粉红色毛线所织部分成为所织帽子的反面。再将右棒针按箭头所示穿过最初挂在左棒针的2针中，最后将毛线抽出，编织下针。

2 编织下针拉针的位置。

3 将毛线挂到右棒针上（◉），然后用食指按住。再将右棒针按箭头所示插入左棒针目，挑到右针上。

4 在挑过去的针目上重复编织"下针拉针、挂线、挑针"。

5 一直编至结束，最后将毛线放至面前暂时放置不管。

配色图例

传统前开式背心

P11

成品尺寸
胸围约85cm、衣长约50cm

材料
超粗平直毛线

红色(42)…179g、灰色(51)…131g、白色(1)…31g

纽扣(直径2.7cm)灰色…6颗

工具
12号环形针(40cm、80cm)、10/0号钩针、手缝针

编织密度
10cm×10cm面积内：下针编织16针、20行

※制作图中未标明尺寸的均以厘米(cm)单位。

编织要点
- 后身片使用12号环形针(80cm)起针67针，编织12行单罗纹针。
- 继续织80行下针。
- 左、右前身片参照P38的"在两端增加73针的方法"进行加针，然后使用12号环形针(80cm)织起伏针，以及以配色编织的花样编织18行(配色的渡线方法参照P78)。
- 编织起伏针和单罗纹针28行。编织右前身片时，前门襟做一针挂线作为扣眼。直至织到最后一行织单罗纹针收针。
- 身片的△与△、▲与▲相对，使用针目与行的钉缝方法拼接。
- 袖窿使用12号环形针(40cm)从身片挑起，环形编织10行单罗纹针，最后一行织单罗纹针收针。
- 参照"收尾方法"进行收尾。
- 将线头藏进织片中。

作品的编织方法

身片编织图

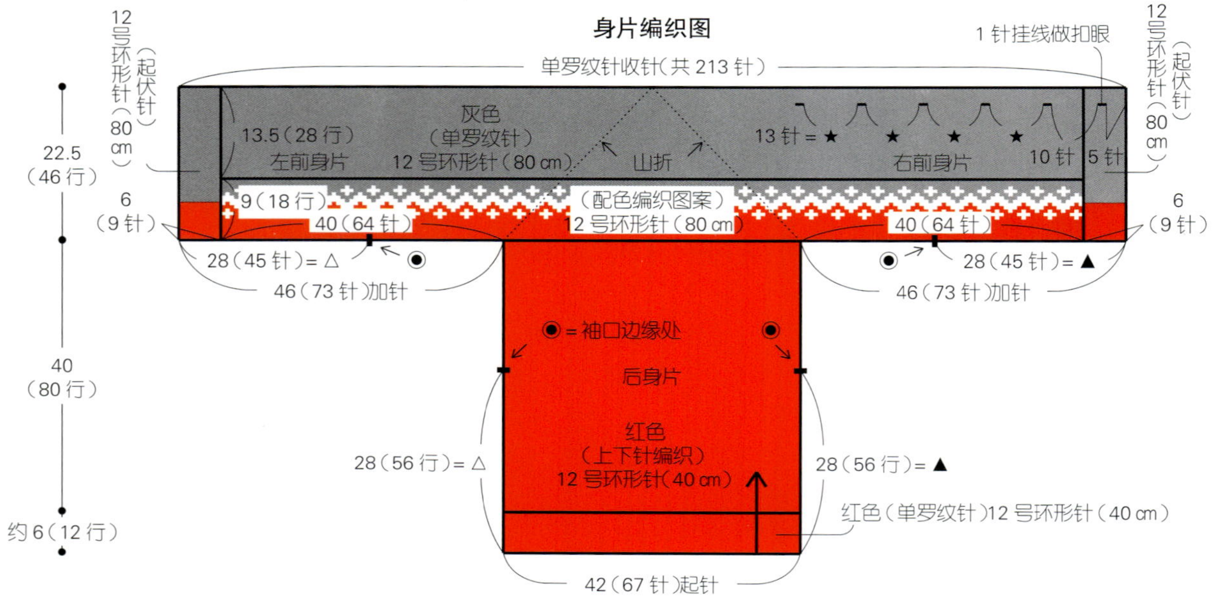

袖窿的编织图

红色(单罗纹针)12号环形针(40cm)

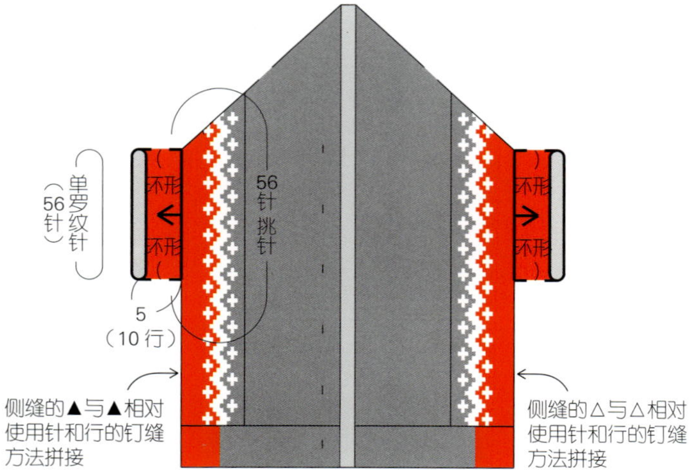

收尾方法

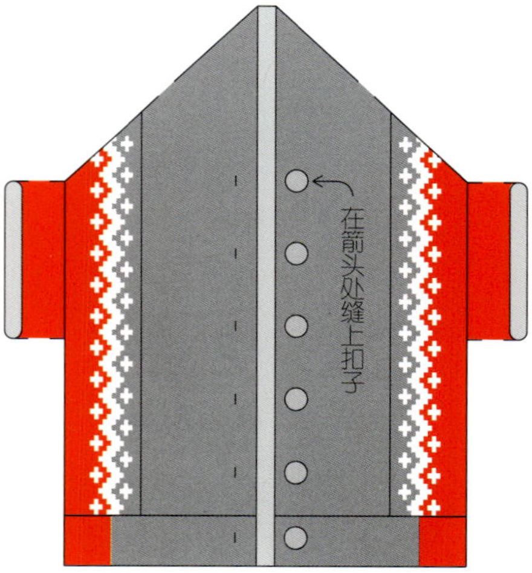

身片的编织符号以及配色图

■ = 灰色（51）　■ = 红色（42）　□ = 白色（1）　□ = ⊡ 下针

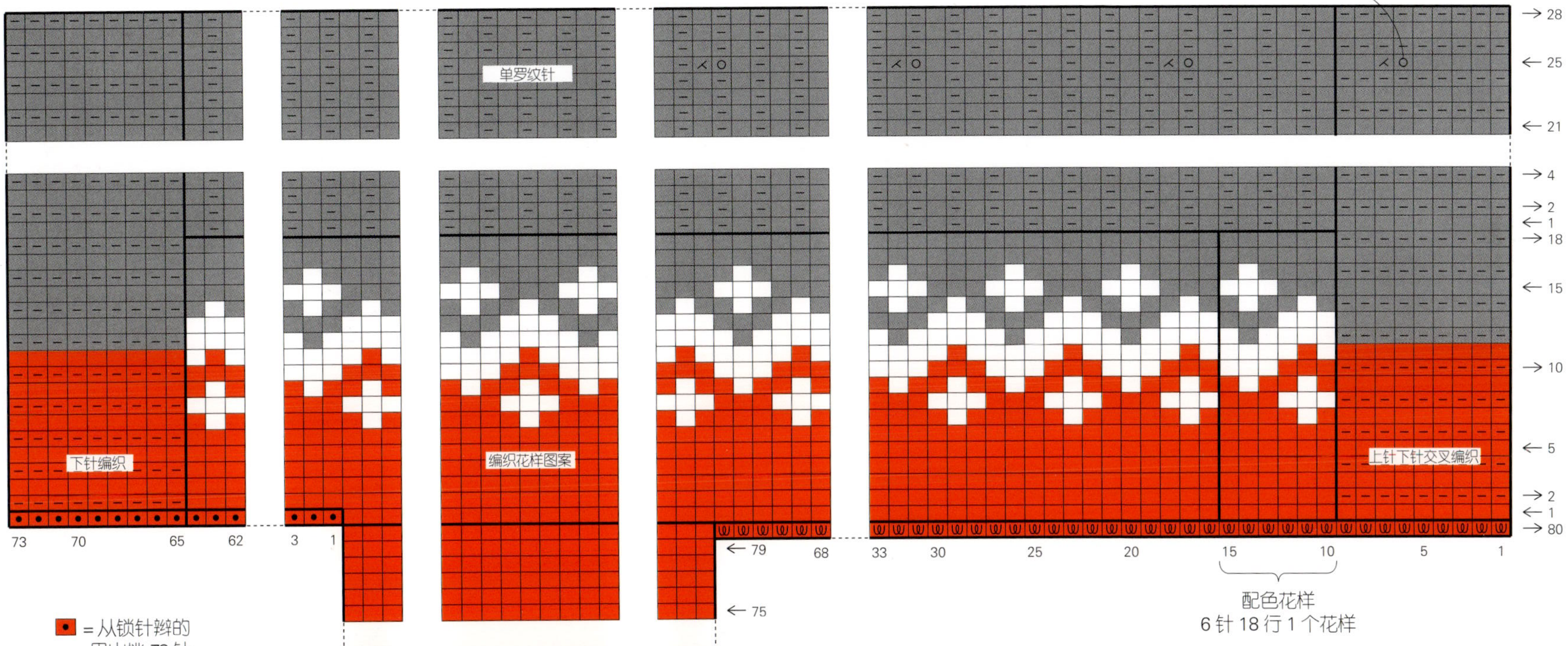

锁针辫的编织符号图

红色（锁针）10/0 号钩针

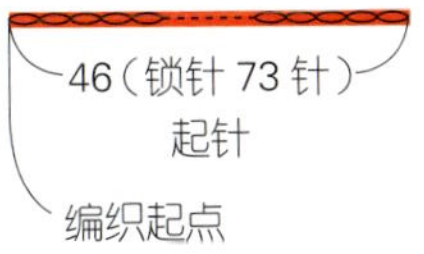

袖窿的编织符号图

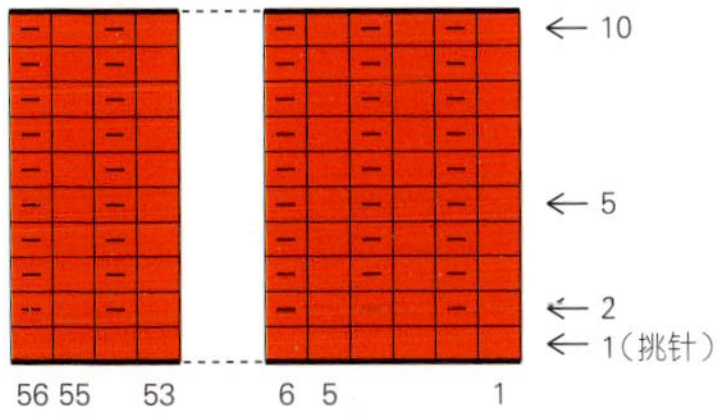

传统花样帽子

P11

成品尺寸
头围45cm、帽深约22cm

材料
超粗平直毛线

红色（42）…36g　灰色（51）…20g　白色（1）…10g

工具
11、12号环形针（40cm），手缝针

编织密度
10cm×10cm面积内：下针编织16针、20行

编织要点
- 使用11号环形针起72针，织9行单罗纹针。然后换用12号环形针，编织13行配色花样，再织23行下针。编织到最后一行休针。
- 参照“收尾方法”进行收尾。
- 将线头藏进织片中。

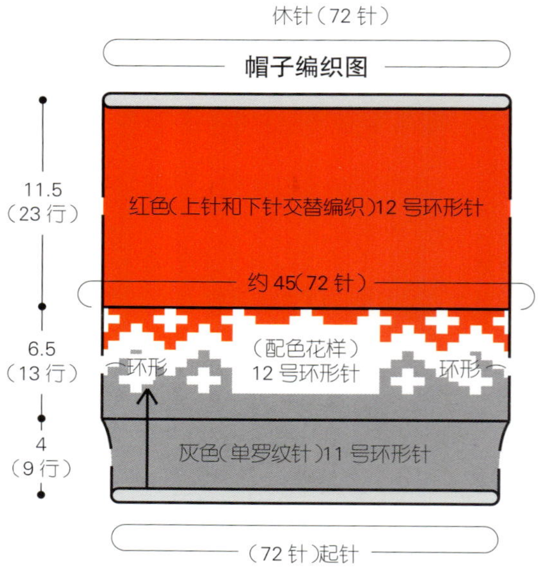

帽子的编织符号图及配色图

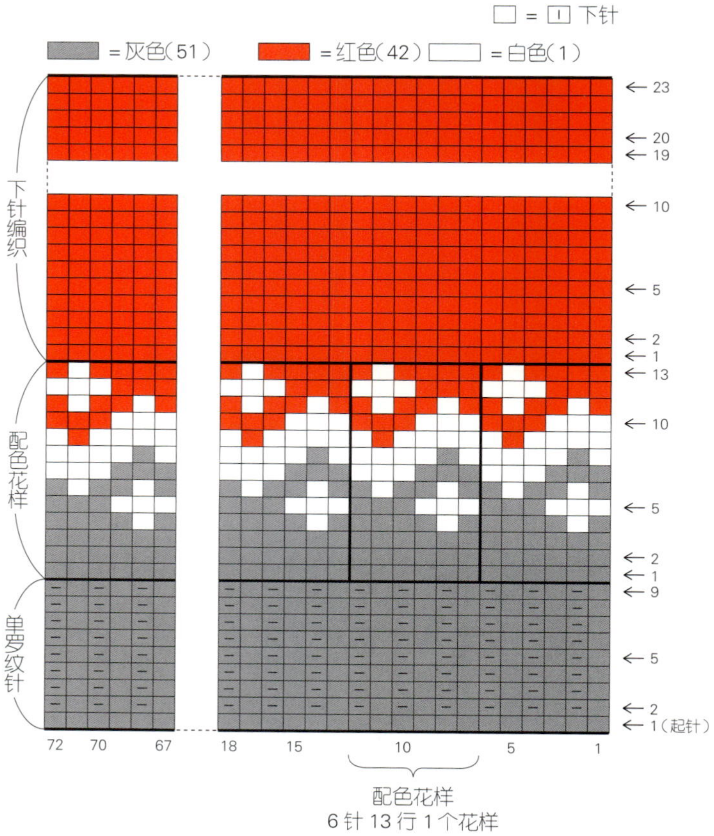

收尾方法
线头留60cm左右，穿入手缝针。每隔1针将线穿入休针针目，穿线1圈。第2圈将线穿入剩余的36个针目中。收紧。

水珠花帽子

P23

成品尺寸
头围约53cm、帽深约26.5cm

材料
中粗平直毛线

A 茶色(327)…46g，绿色(310)、水绿色(311)…各17g

B 红褐色(321)…46g，玫瑰色(320)、粉红色(319)…各17g

C 棕色(325)…46号，朱红色(323)、橙色(324)…各17g

工具
6、8号环形针(40cm)，手缝针

编织密度
10cm×10cm 面积内：水珠花18针、34行

编织要点
•请参照P39的“水珠花的编织方法”进行编织。

•使用6号环形针起96针，然后织双罗纹针12行。

•换用8号环形针织60行水珠花、下针编织14行。编织到最后一行休针。

•参照“收尾方法”进行收尾。

•将线头藏进织片中。

帽子编织图

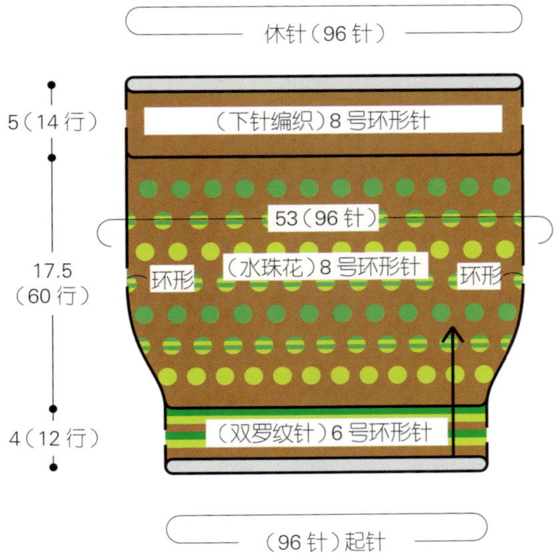

收尾方法
线头留80cm左右，穿入手缝针。每隔1针将手缝针穿入帽顶休针的针目，穿线1圈。第2圈将线穿入剩下的48针目中，收紧。

帽子的编织符号图及配色图

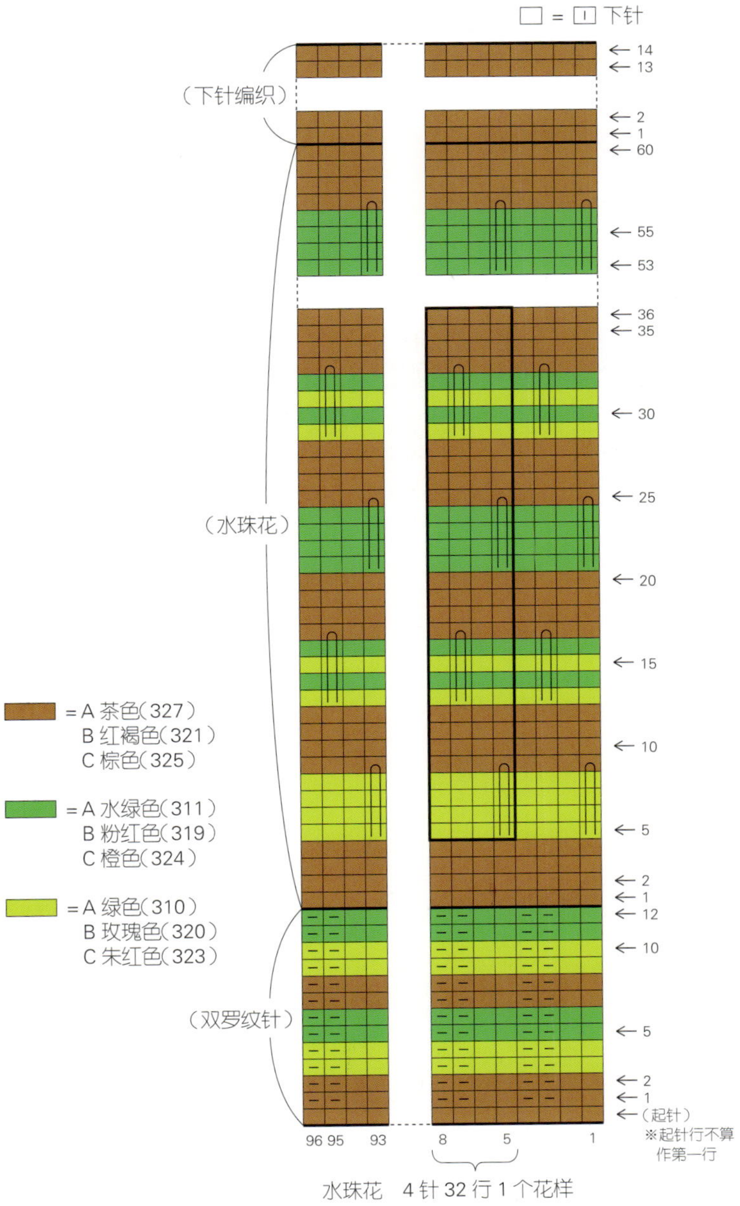

怀旧风头巾式帽子

P31

成品尺寸
周长约58cm、帽深约22.5cm

材料
中细平直毛线
A紫色(21)、B玫瑰粉色(69)、C栗梅色(49)、D深玫瑰色(22)…各8g
超细羊毛线1
C松叶色(45) 20g
超细羊毛线2段染线
A、B薰衣草色×灰色(103)、D红色系(106)…各20g
纽扣(直径2.6cm)…1颗

工具
8号棒针、7/0号钩针、手缝针

编织密度
编织花样：40针(22.5cm)、22行(7.5cm)1个花样

编织要点
•帽子用8号棒针起针40针，然后编织花样168行，最后一行伏针收针。
•包扣用7/0号钩针钩3针锁针并做成环状，然后钩织一圈短针。在第2圈加针，在第3圈将纽扣包住然后做减针。
•系带用7/0号钩针钩织60针的锁针，6根。
•参照"收尾方法"进行收尾。
•将线头藏进织片中。

帽子编织图
※将中细平直毛线(2根)和超细羊毛线1或者2(1根)一起编织(3根一起)。

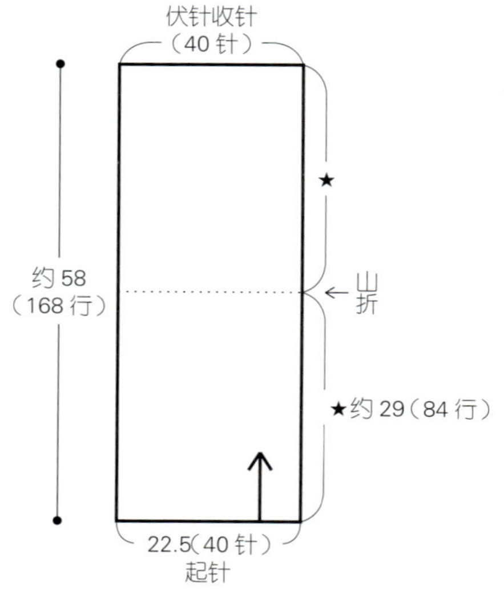

帽子的编织符号图

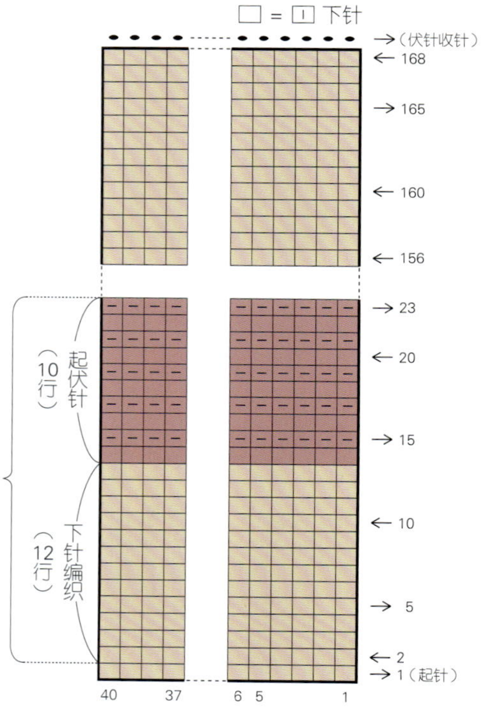

包扣的编织符号图
※将中细平直毛线(2根)和超细羊毛线1或者2(1根)一起钩织(3根一起)。

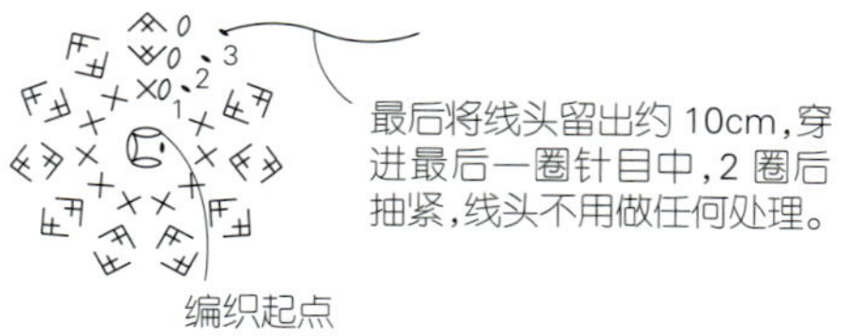

系带的编织符号图
※将中细平直毛线(2根)和超细羊毛线1或者2(1根)一起编织(3根一起)。

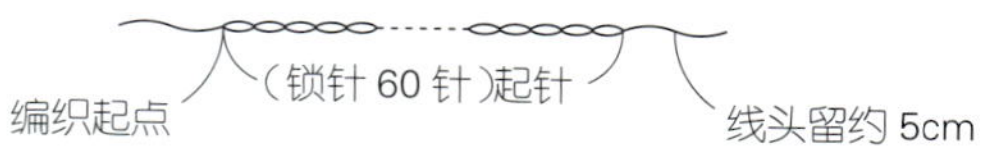

收尾方法

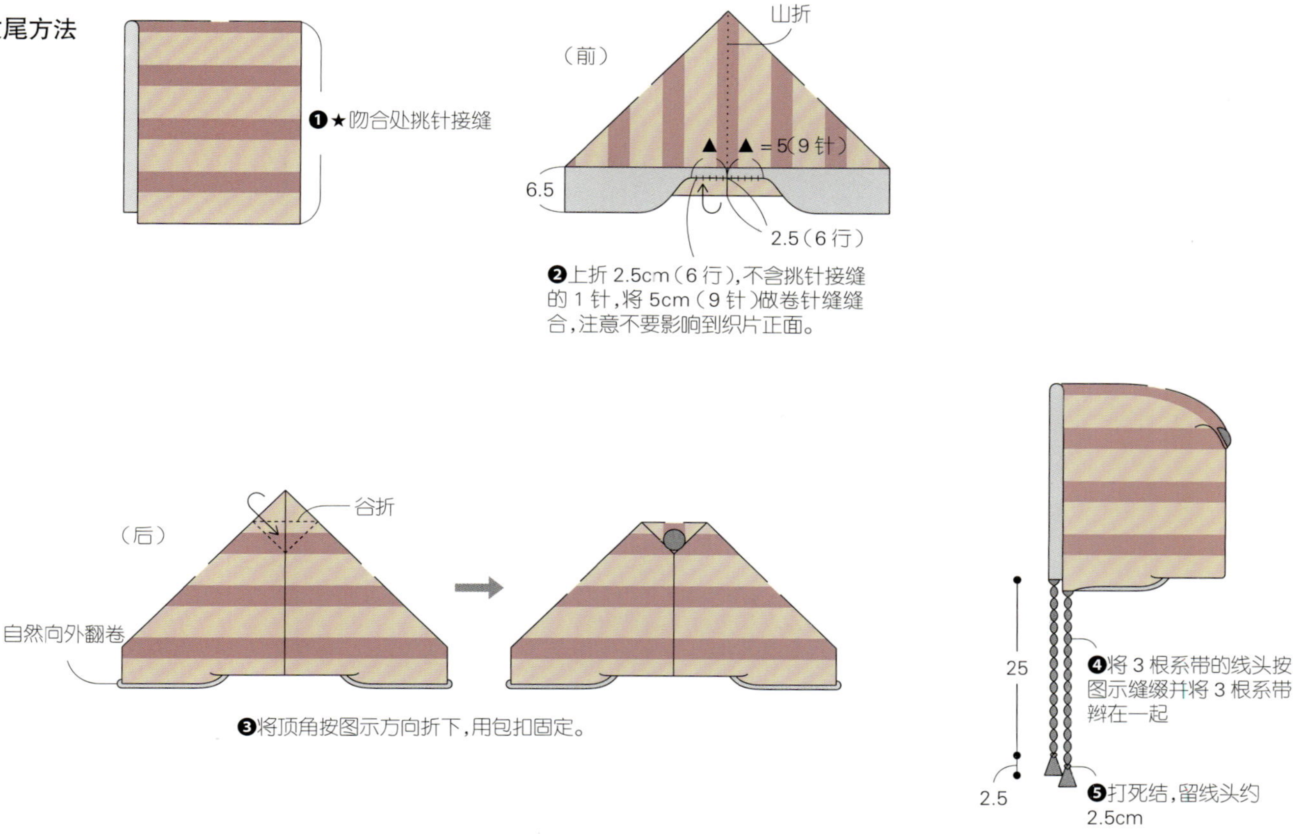

色彩丰富的保暖护腿

P35

成品尺寸

周长约29.5cm、长约39cm

材料

粗平直毛线

米粉色(79)…21g、灰棕色(20)…20g
紫色(60)…18g、淡蓝色(22)…12g、橙色(86)…12g
果绿色(16)…10g、亮棕色(120)…10g、蓝色(110)…8g
红色(75)…7g、粉红色(72)…6g、玫瑰色(61)…4g
绿色(104)…4g 、黄绿色(33)…2g

工具

3、5号环形针(40cm),手缝针

编织密度

10cm×10cm面积内:编织花样27针、29.5行

编织要点

- 用2号环形针、灰棕色毛线起80针,编织7行双罗纹针。
- 换用5号环形针编织花样(配色渡线的方法参照P78)共100行。
- 再换用3号环形针,用灰棕色毛线织10行双罗纹针(仅第1行全部织下针)。最后一针做伏针收针。
- 将线头藏进织片中。

保暖护腿的编织图

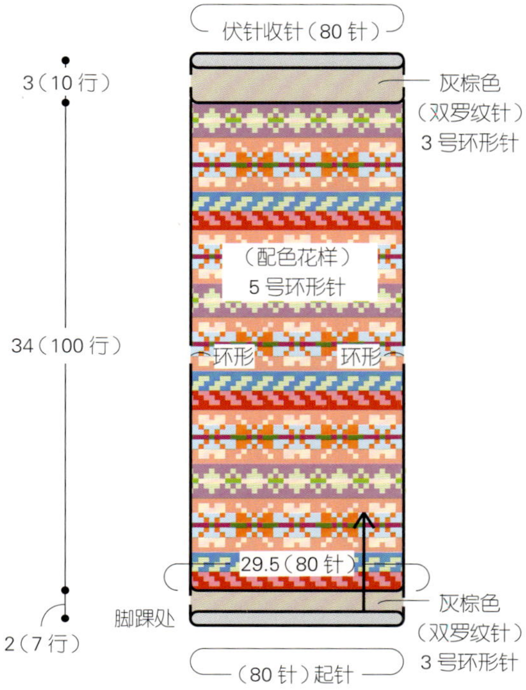

帽子的编织符号图及配色图

= 灰棕色(20)
= 红色(75)
= 粉红色(72)
= 蓝色(110)
= 果绿色(16)
= 米粉色(79)
= 亮棕色(120)
= 淡蓝色(22)
= 橙色(86)
= 绿色(104)
= 玫瑰色(61)
= 紫色(60)
= 黄绿色(33)

□ = ⊟ 下针

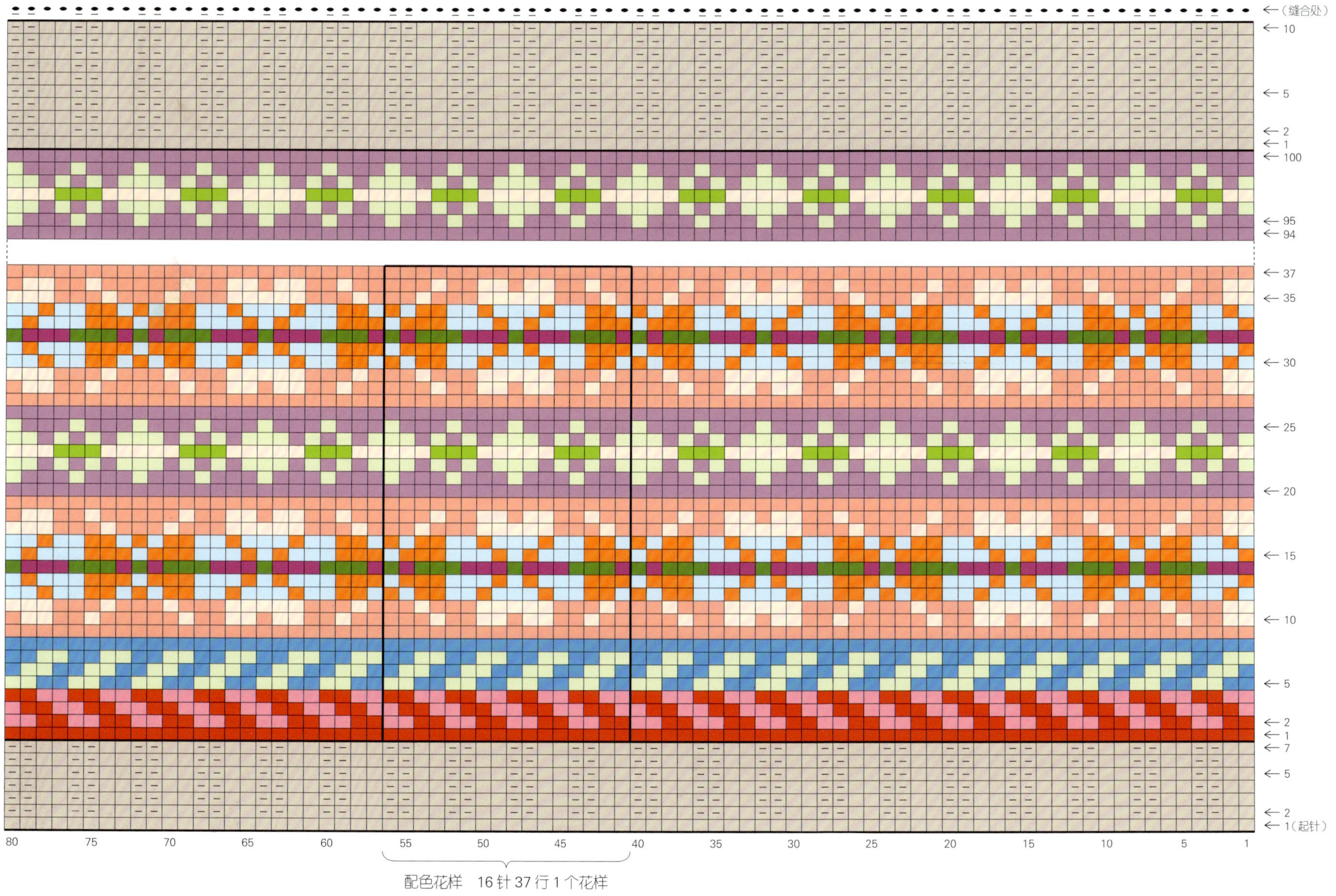

木莓花迷你围巾

P03

成品尺寸
宽约13.5cm、长约48.5cm

材料
中粗平直毛线
米黄色…45g
纽扣（直径1.5cm） 茶色…2颗

工具
6号、7号棒针，5/0号钩针，手缝针

编织密度
10cm×10cm面积内：编织花样 25.5针、28.5行

编织要点
•起针33针，编织5行单罗纹针，然后用起伏针编织花样127行、5行单罗纹针。最后一行做伏针收针。
•在指定位置（2处）系上新的毛线，钩织6针锁针作为扣眼。
•将线头藏进织片中。
•参照“收尾方法”进行收尾。

迷你围巾编织图

★＝加针 33 针

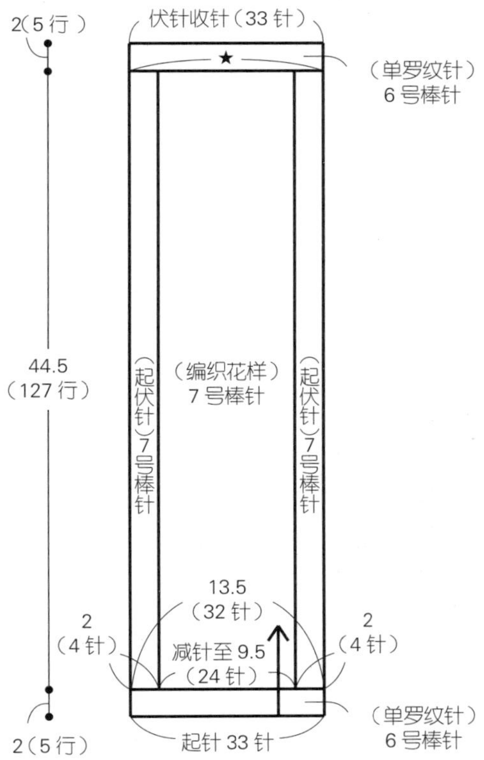

迷你围巾及扣眼的编织符号图

＝系上新的毛线开始编织
＝编织终点
＝从上一行的 1 个针目中织上针、下针、上针的 1 针放 3 针

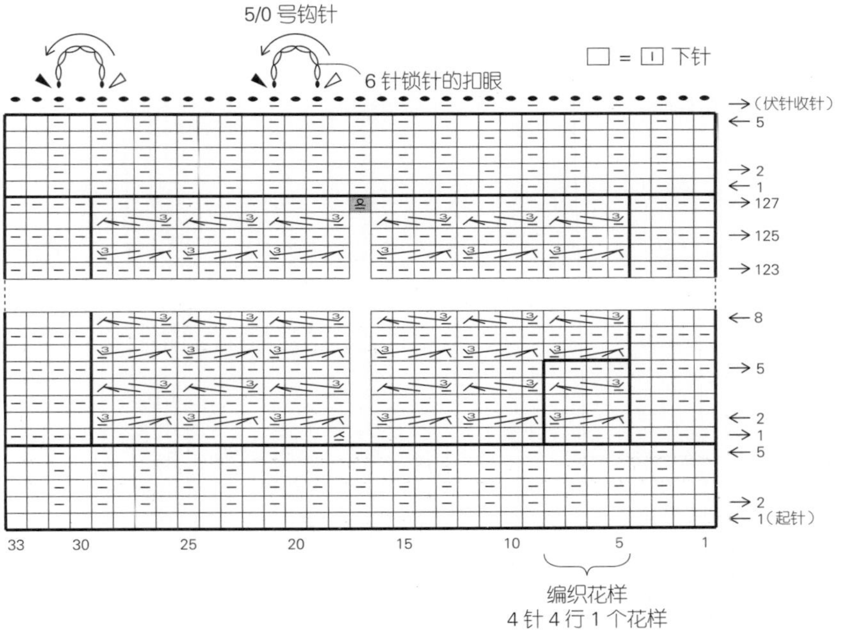

收尾方法

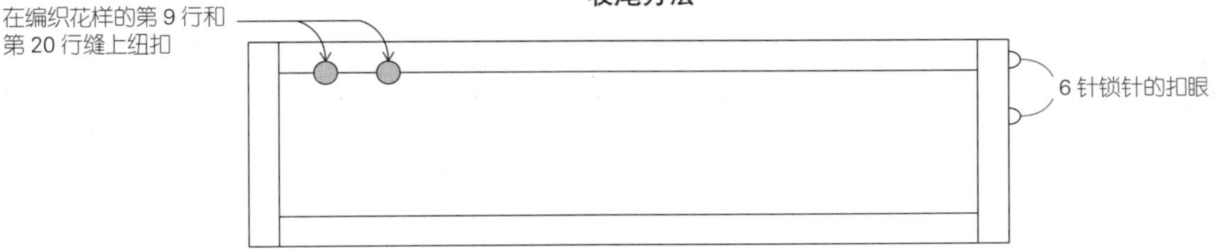

木莓花披肩

P03

成品尺寸
宽约116cm、长约48.5cm

材料
中粗平直毛线
米黄色…440g
纽扣（3.5cm方形）茶色…1颗

工具
6号、7号棒针，5/0号钩针，手缝针

编织密度
10cm×10cm面积内：编织花样 25.5针、28.5行

编织要点
- 按照①~⑨顺序编织。
- ①下摆处用7号棒针起针281针，编织9行单罗纹针。
- ②在主体的第1行加针到282针，编织123行编织花样。
- ③将第1行减针至281针，编织8行单罗纹针。最后一行伏针收针。
- ④换线，看着已织①、②、③部分的正面两端挑123针，再编织8行单罗纹针。最后一行伏针收针。
- ⑤换线，重复④。
- ⑥衣领在伏针收针处换线，一边看着②主体部分一边挑针加针至114针，再编织33行编织花样（⑥衣领是向外翻折的，所以挑针的第1行就是⑥衣领的内侧）。
- ⑦继续将第1行减至113针，编织8行单罗纹针。最后一行伏针收针。
- ⑧换线，一边注意看主体的②主体的侧面和⑥衣领的正面，从⑥、⑦处挑35针，再编织8行单罗纹针。最后一行伏针收针。
- ⑨换线重复步骤⑧。
- ▲与▲、△与△相对，使用针目和行的钉缝缝合。
- 扣眼使用5/0号钩针，参照“包扣的编织符号图”。
- 将线头藏入织片中。
- 缝上纽扣完成。

披肩的编织图

单罗纹针使用 6 号棒针
花样编织使用 7 号棒针

★ = 伏针收针（35 针）
☆ = 伏针收针（123 针）
▲与▲、△与△相对，做针目与行的钉缝缝合

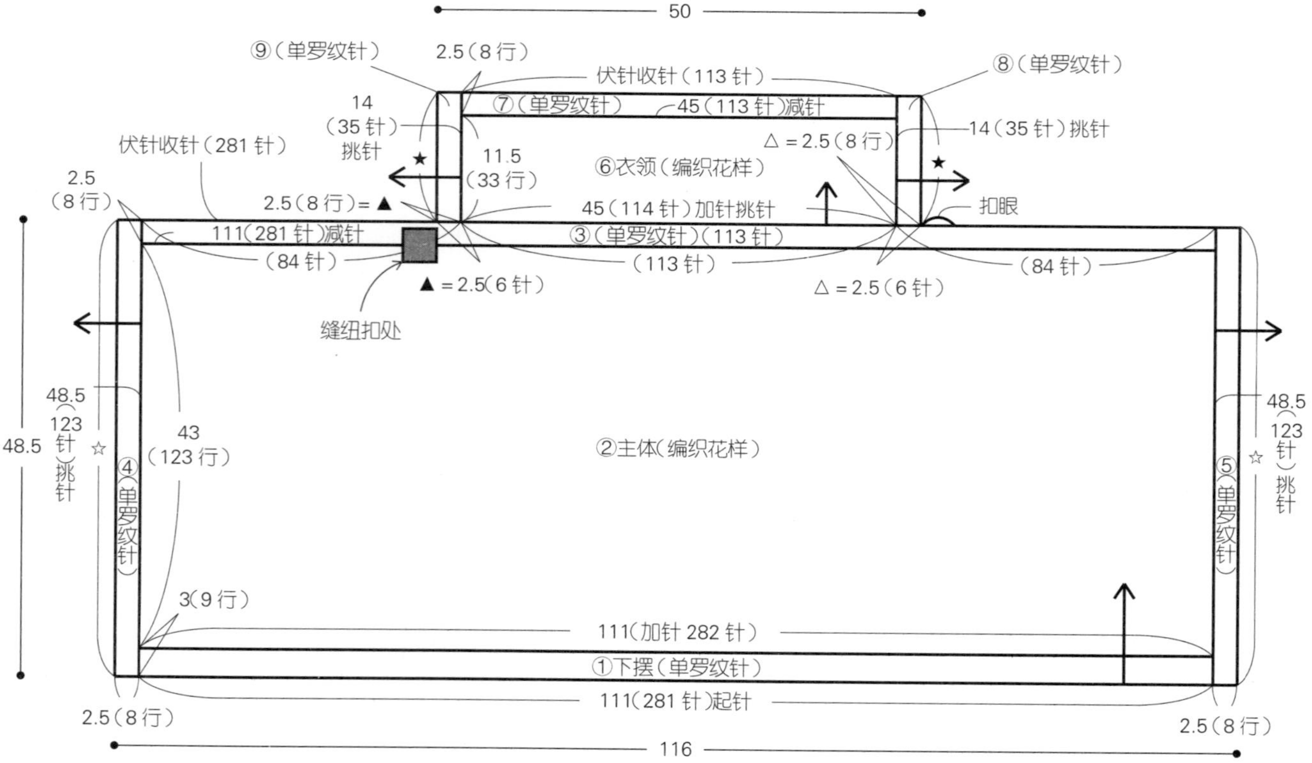

= 从上一行的 1 个针目中织上针、下针、上针的 1 针放 3 针。

①的编织符号图

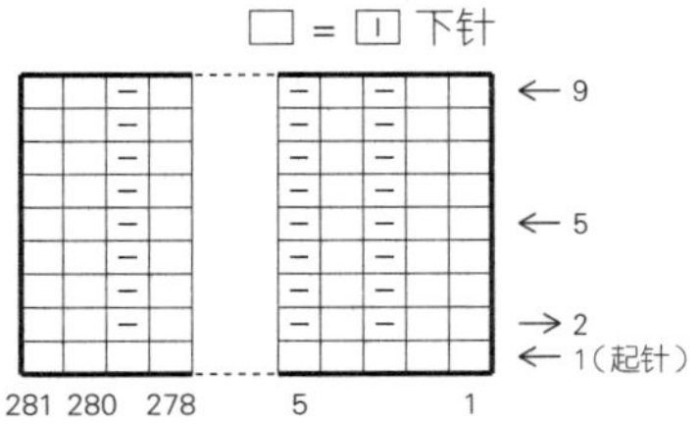

②的编织符号图

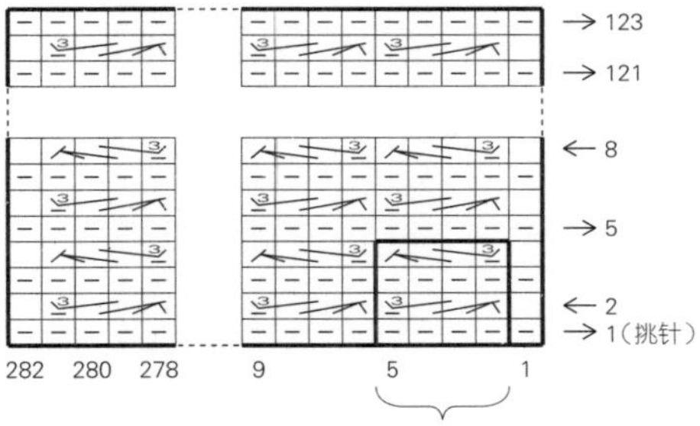

③的编织符号图

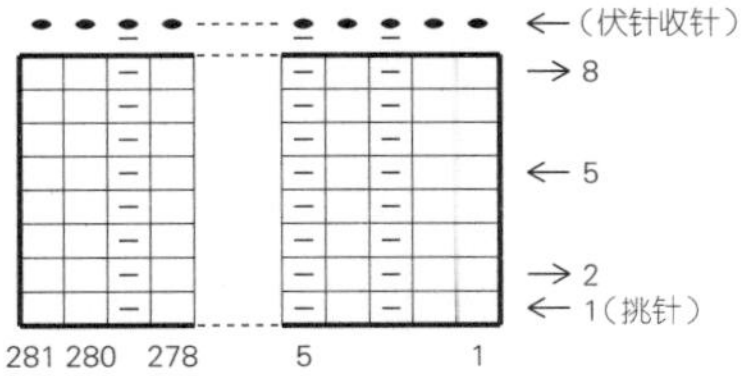

④、⑤的编织符号图

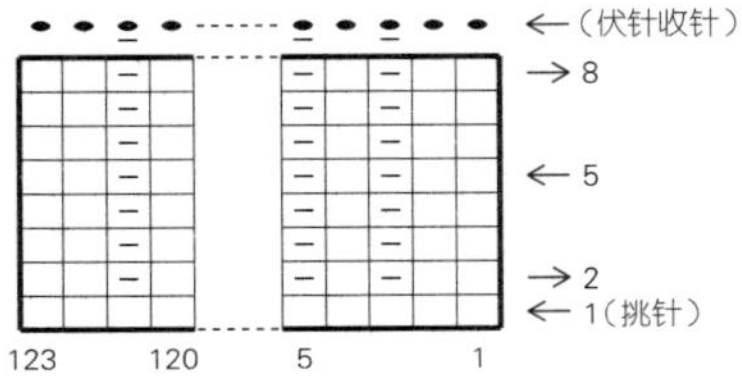

⑥的编织符号图

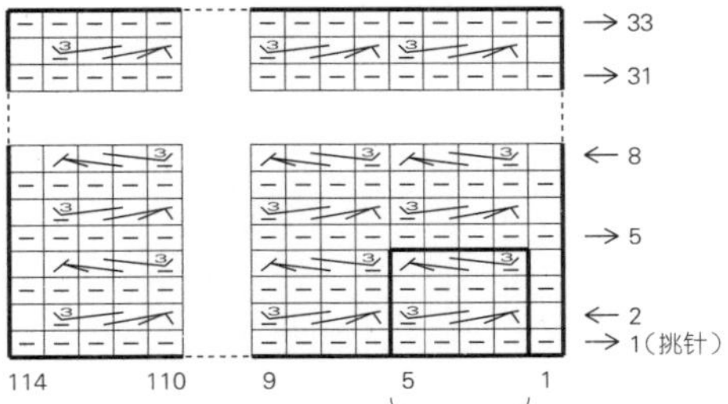

⑦的编织符号图

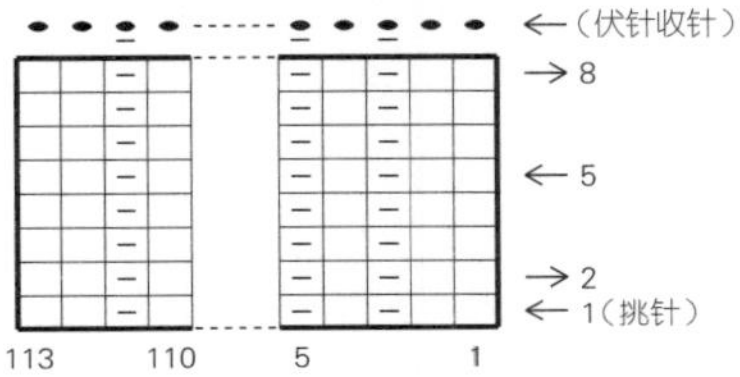

⑧、⑨的编织符号图

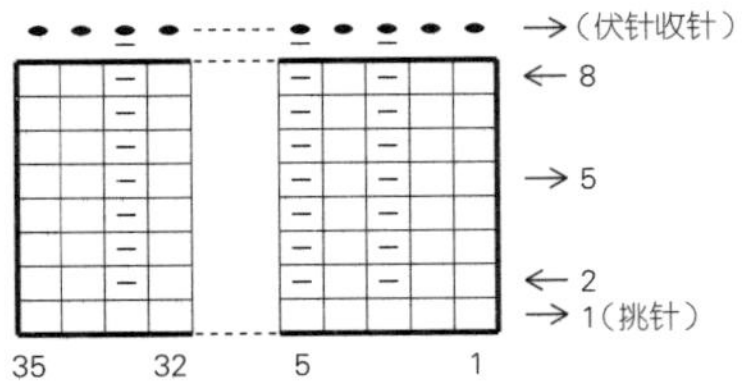

包扣的编织符号图

5/0 号钩针

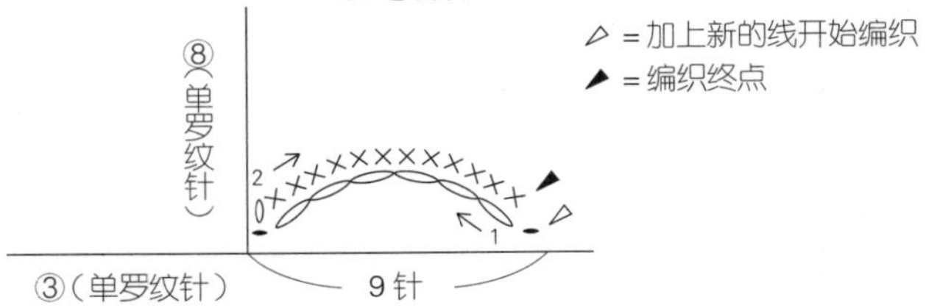

雏菊花披肩

P05

成品尺寸
随意(无要求)

材料
超粗平直毛线
棕米色(93号)…475g
苏格兰别针(7cm)…1个

工具
10号棒针(4根)、钩针(型号根据毛线选择)、手缝针

编织密度
10cm×10cm面积内：编织花样16.5针、22.5行

编织要点
- 主体用另线锁针起针72针，编织花样和起伏针编织417行。最后一行后休针。
- 解开另线锁针，◉与◉相对使用上针钉缝，■与■相对使用起伏针钉缝，★与★相对挑针缝缝合。
- 袖口是从主体的▲和△处各自挑针54针，然后起伏针编织9行。最后一行伏针收针。
- 将线头藏入织片中。

主体编织图
10号棒针

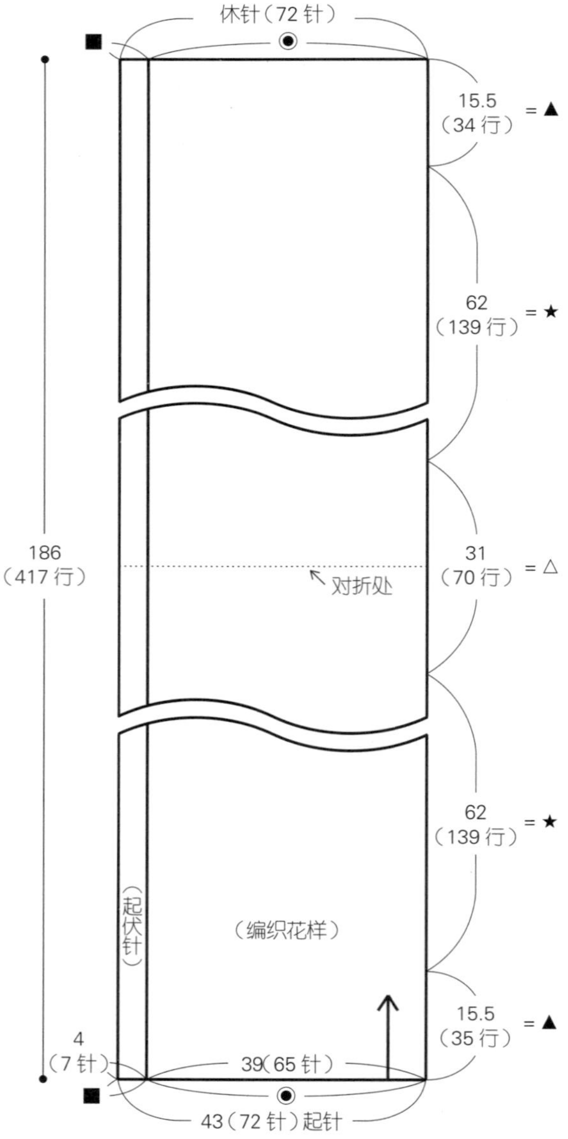

袖口编织图
(起伏针编织)
10号棒针

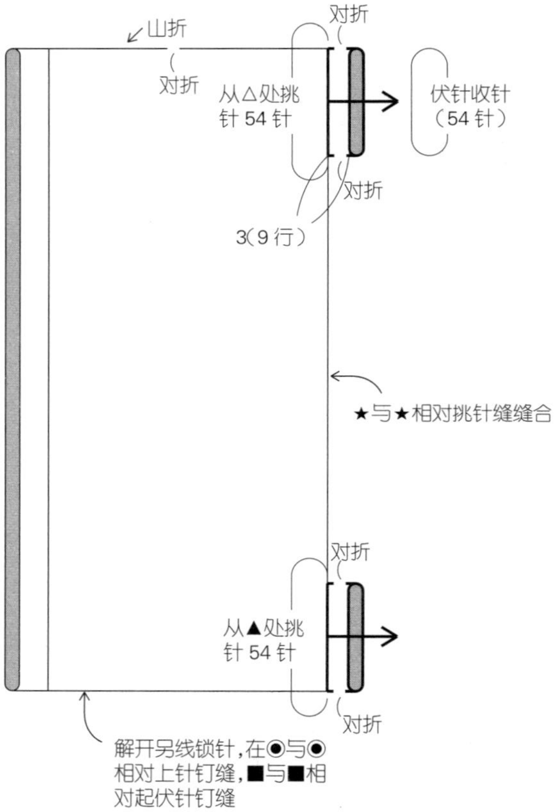

主体的编织符号图

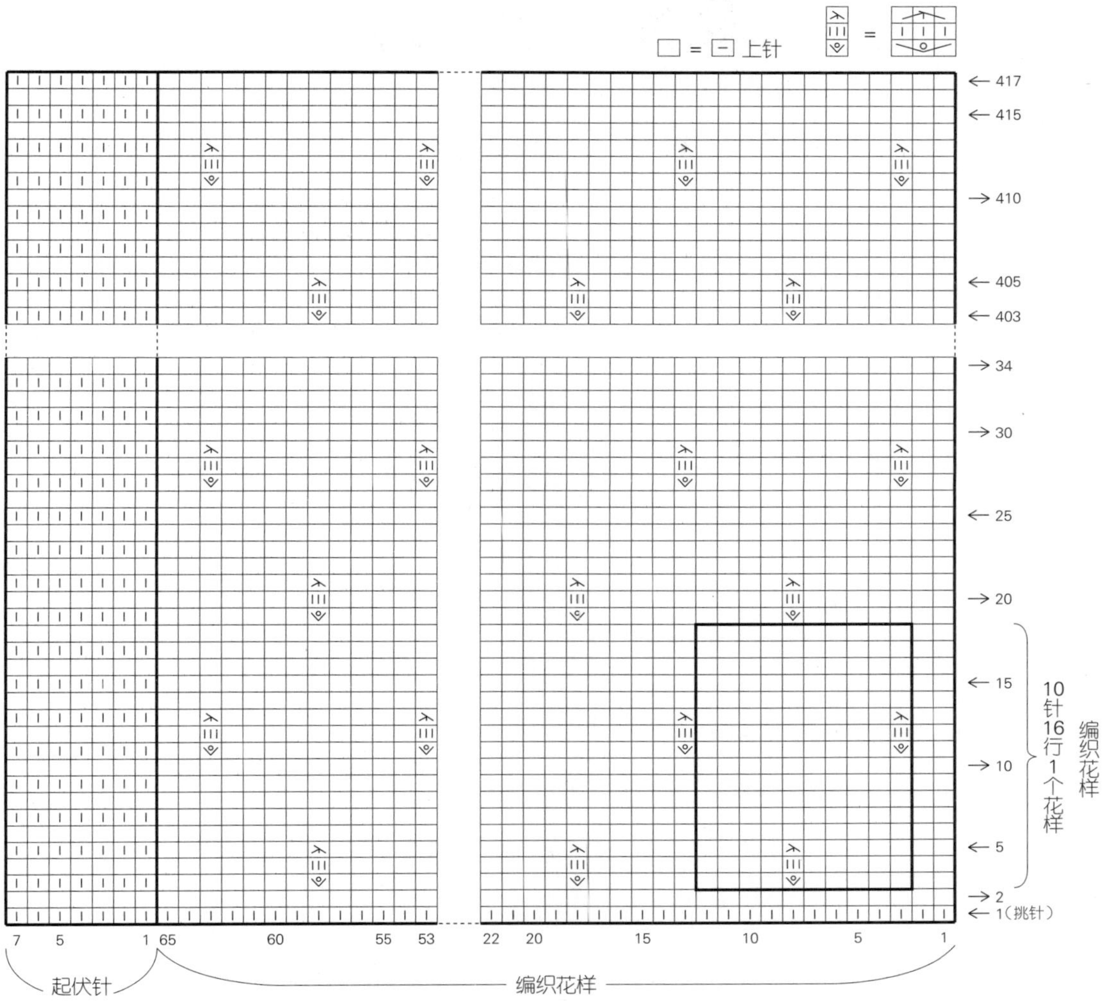

袖口的编织符号图

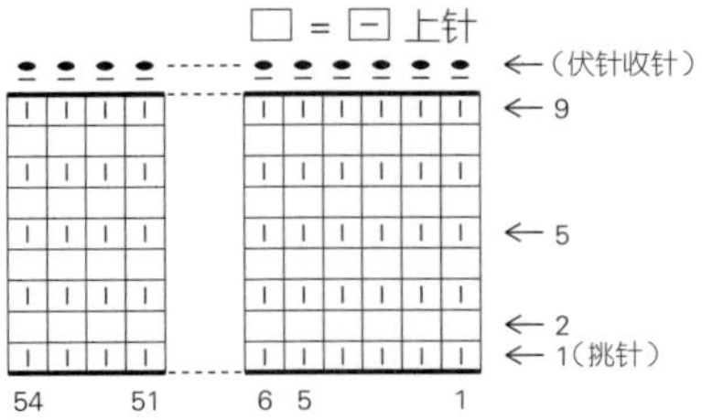

起伏针外套

P07

成品尺寸
胸围106cm、衣长78cm、连肩袖长44.5cm

材料
粗纱毛线
粉红色×茶色系(4)、多彩系(5)、紫色系(11)…各80g
米色×茶紫色系(3)、绿色系(6)、绿色×茶色系(8)、红色×紫色系(9)、粉红色系(10)…各40g

超粗毛线
紫色系(3)、茶色系(4)、粉红色×茶色系(5)…各80g
淡蓝色×灰色系(1)、红褐色系(2)、灰褐色系(6)、红色×茶色系(7)、红色×紫色系(14)…各40g

纽扣(直径4cm)
绿色、灰褐色、茶色、灰色、粉红色、黄色、淡蓝色、蓝色…各1颗

工具
8号、10号、12号棒针(4根、30cm),9/0号钩针,手缝针

编织密度
10cm×10cm面积内:起伏针编织(12号棒针)11.5针、22.5行

编织要点
- 参照P55的"针、线、编织方法"编织。
- 身体部分请按照步骤①~④依次进行。
- 参照P38的"从起伏针挑针的方法"进行编织。
- ①身片起70针,织230行起伏针。最后一行伏针收针。
- ②、④身片从①身片处挑针29针;编织38行起伏针。织到最后一行休针。
- ③身片从①身片处挑针59针,编织38行起伏针。织到最后一行休针。
- 肩部使用9/0号钩针,■和■、◆和◆正面相对引拔针钉缝。
- 右袖子要从③和②身片以及指定位置,左边袖子要从④、③身片以及指定位置分别挑针42针,再织109行起伏针。最后一行伏针收针。
- 领子外侧和内侧参照P56的"领子内侧和领子外侧的编织方法"进行编织。
- 左前门襟从身片挑96针,然后钩织6行短针。钩织右前门襟时,应在第4行制作出3针锁针的扣眼。
- 袖下缝挑缀缝接缝。
- 参照"收尾方法"进行收尾。
- 将线头藏入织片中。

前、后身片的编织图
※参照 P55 的"针、线、编织方法"

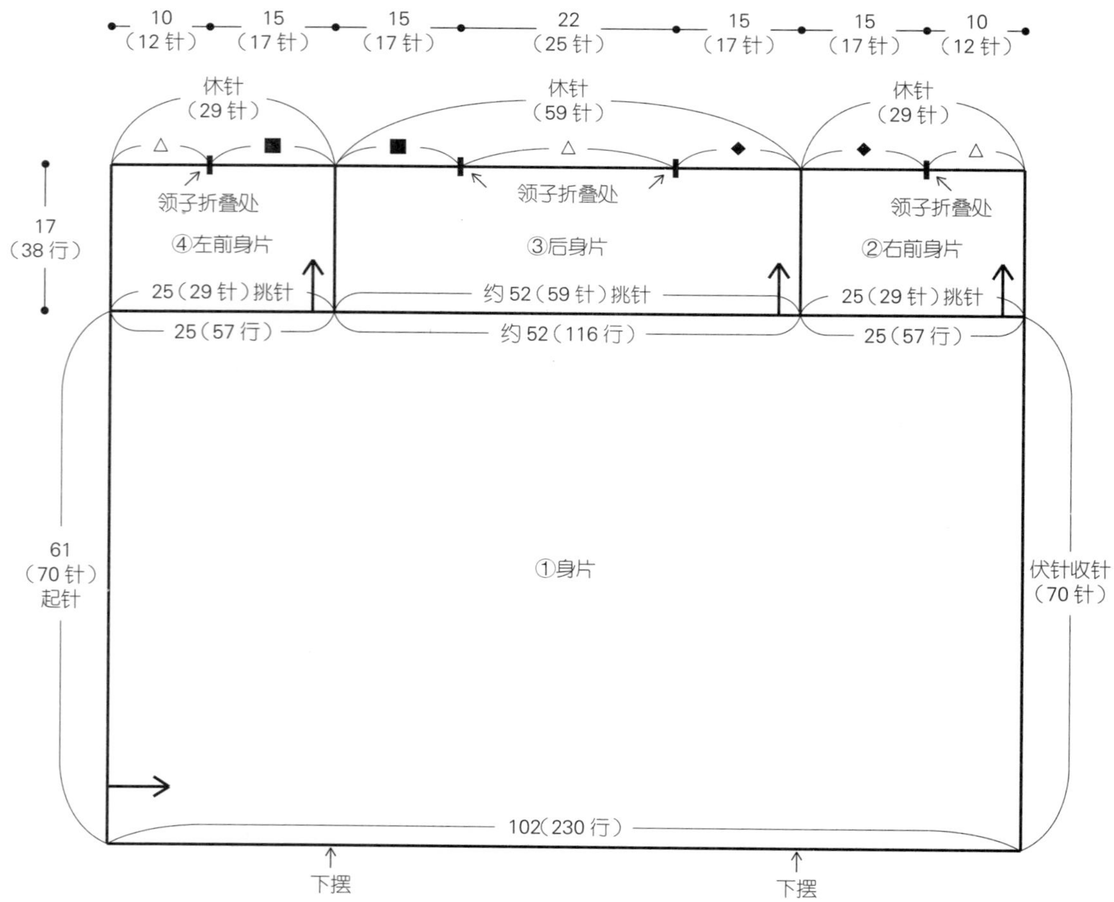

袖子、前门襟、衣领外侧、衣领内侧的编织

※请参照“针、线、编织方法”

※领子参照 P56 的“领子内侧和领子外侧的编织方法”进行编织

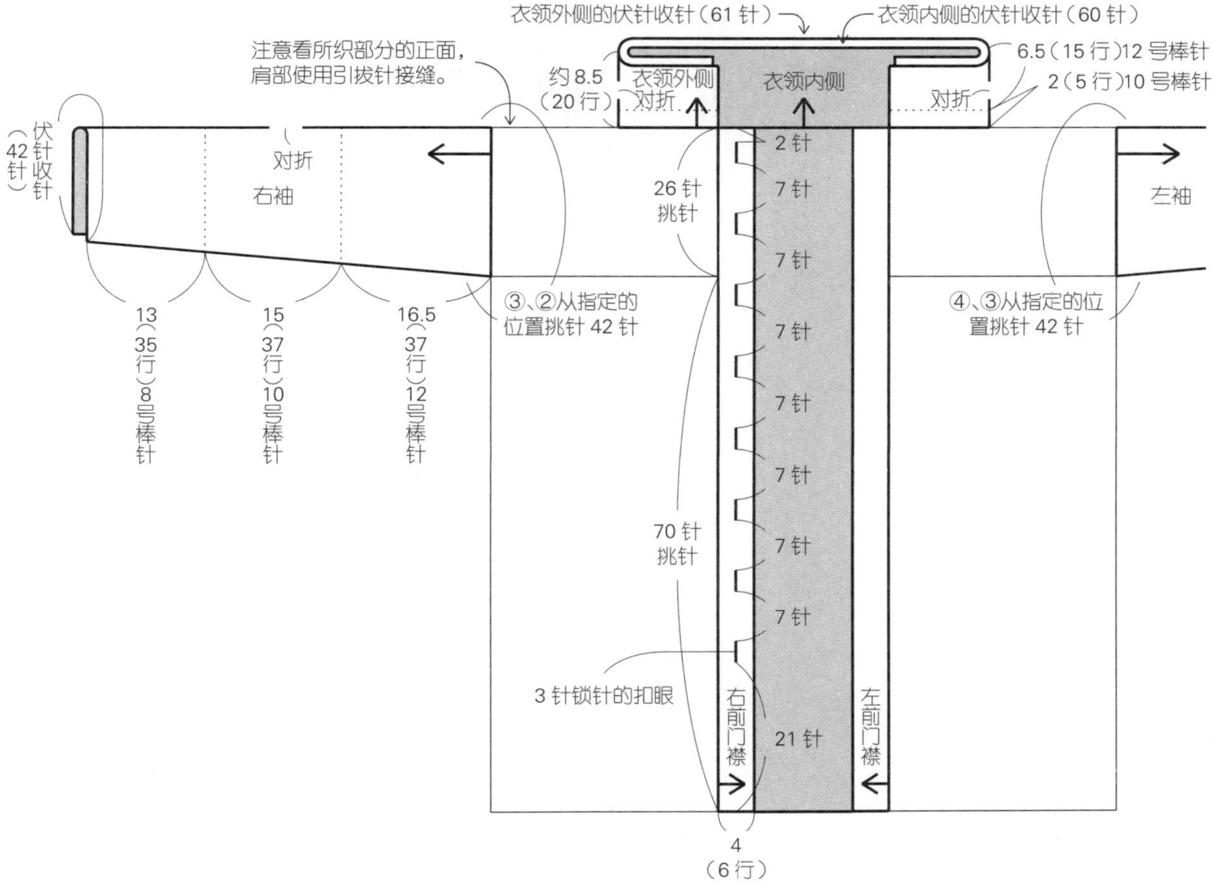

针、线、编织方法

※前门襟之外的地方请使用粗纱毛线和超粗毛线 2 根一起编织。

	行数	针	粗纱毛线	超粗毛线	编织方法
前门襟	1~6行	9/0号钩针	剩下的线2根一起编织	粉红色×茶色系(5)	短针
衣领	6~20行	12号棒针	粉红色×茶色系(4)	粉红色×茶色系(5)	起伏针
	1(挑针)~5行	10号棒针	粉红色×茶色系(4)	茶色系(4)	
袖子	75~109行	8号棒针	多彩系(5)	右…紫色系(3号)、左…灰褐色系(6)	
	38~74行	10号棒针	右…紫色系(11号)、左…红色×紫色系(9)	右…紫色系(3号)、左…灰褐色系(6)	
	1(挑针)~37行	12号棒针	右…紫色系(11号)、左…红色×紫色系(9)	红褐色系(2)	
④左前身片	30~38行	12号棒针	绿色×茶色系(8)	红色×茶色系(7)	
	1(挑针)~29行		米色×茶紫色系(3)	红褐色系(2)	
③后身片	1(挑针)~38行		绿色×茶色系(8)	红褐色系(2)	
②右前身片	1(挑针)~38行		米色×茶紫色系(3)	红褐色系(2)	
①身片	220~230行		米色×茶紫色系(3)	紫色系(3)	
	178~219行		紫色系(11)	淡蓝色×灰色系(1)	
	134~177行		绿色系(6)	茶色系(4)	
	91~133行		多彩系(5)	红色×紫色系(14)	
	47~90行		粉红色系(10)	粉红色×茶色系(5)	
	1(起针)~46行		粉红色×茶色系(4)		

①身片的编织符号图

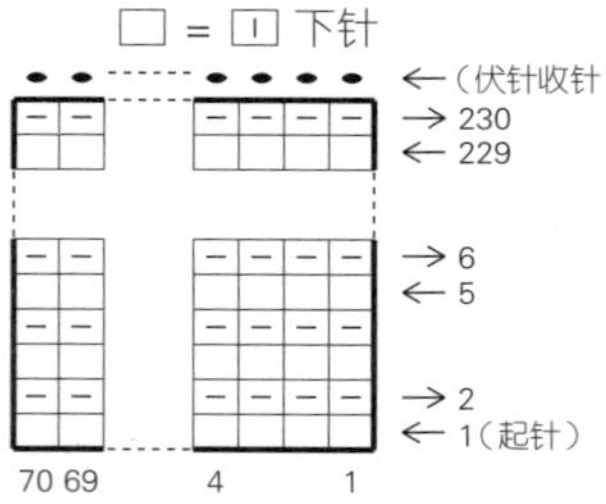

②、④右前、左前身片的编织符号图

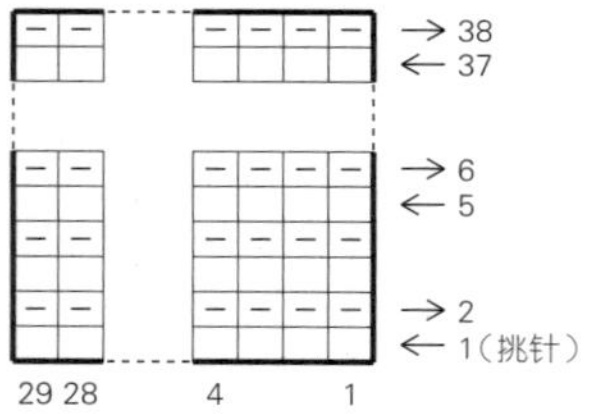

③后身片的编织符号图

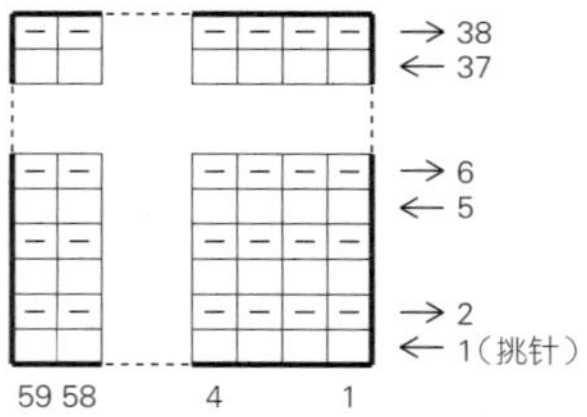

右袖的编织符号图

※左袖的编织要领与右袖相同

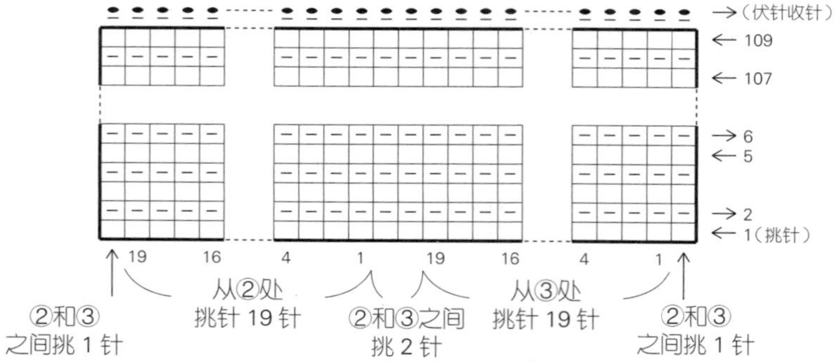

右前门襟的编织符号图

※左前门襟无需制作扣眼

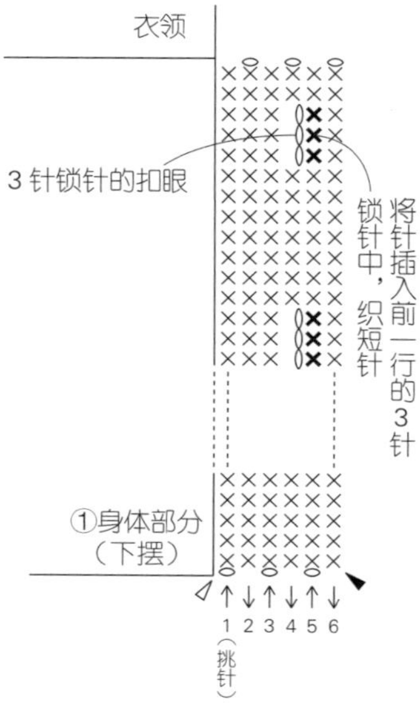

▷ = 系上新的线开始编织

◀ = 编织终点

领子内侧和领子外侧的编织方法

【领子外侧】从肩部使用引拔针拼接法进行编织。编织时注意面向所指部分的正面，从②、③、④及指定位置挑针61针（挑针方法参照“领子外侧的编织符号图”），织20行起伏针。最后一行伏针收针。

【领子内侧】需要在领子外侧编织结束后开始编织。参照P38的“衣领内侧的挑针方法”挑针60针，编织20行起伏针。最后一行伏针收针。

领子内侧的编织符号图

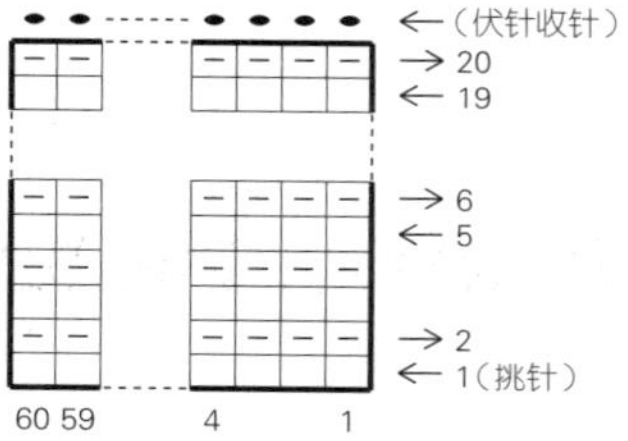

领子外侧的编织符号图

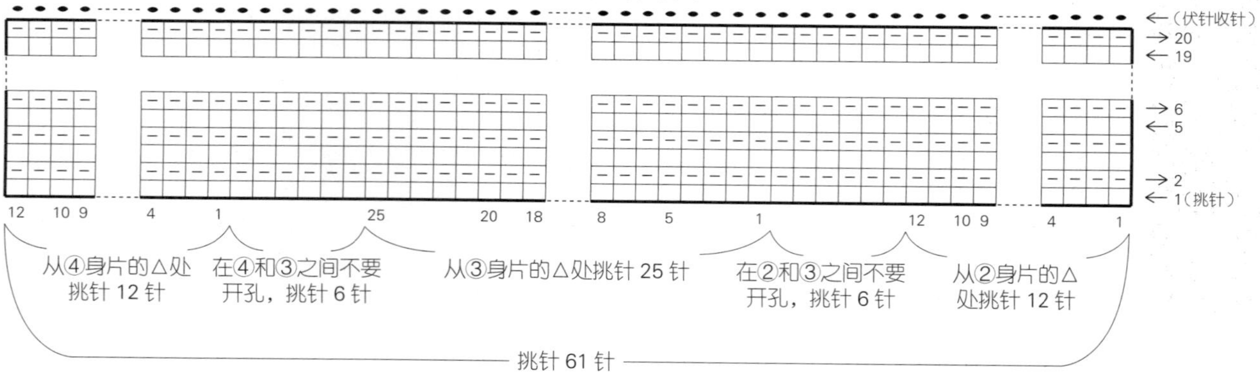

※在②和③、③和④身片之间编织扭加针以及从行间挑针，挑针6针不需要另开扣眼。

完成图示

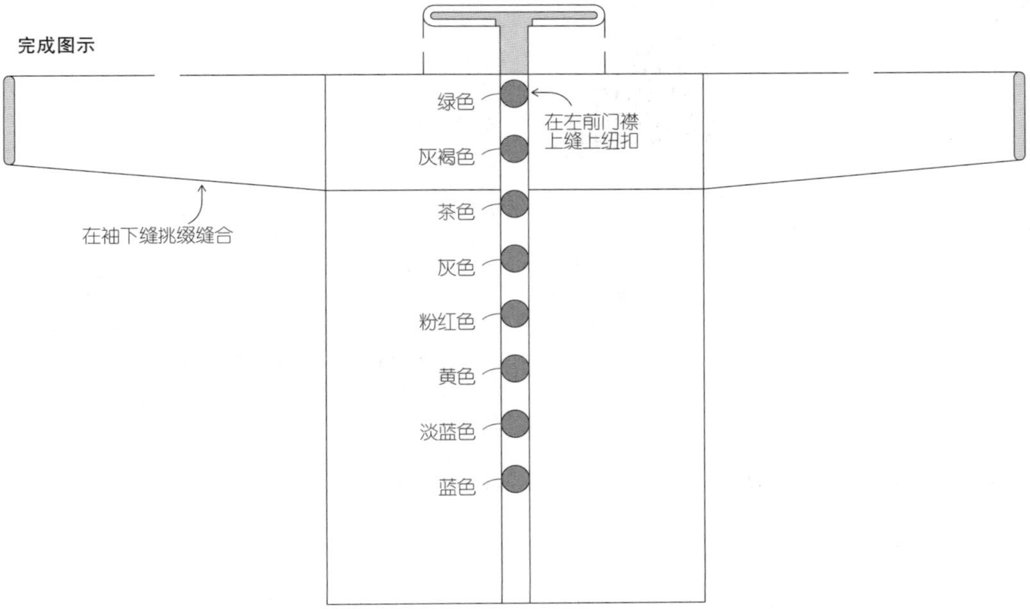

奢华的毛领

P15

成品尺寸

宽约25cm、长约66cm

材料

超粗仿皮草线黑色(8号)…135g

纽扣(直径2.2cm)黑色…1颗

工具

8号棒针、7/0号钩针、手缝针

编织密度

10cm×10cm面积内：下针编织…13针、16行

编织要点

- 用8号棒针起针33针，编织106行下针。最后一行使用7/0号钩针钩引拔针，最后钩织3针锁针的扣眼。
- 将线头塞进织片中。
- 最后缝上纽扣完成。

领子的编织图

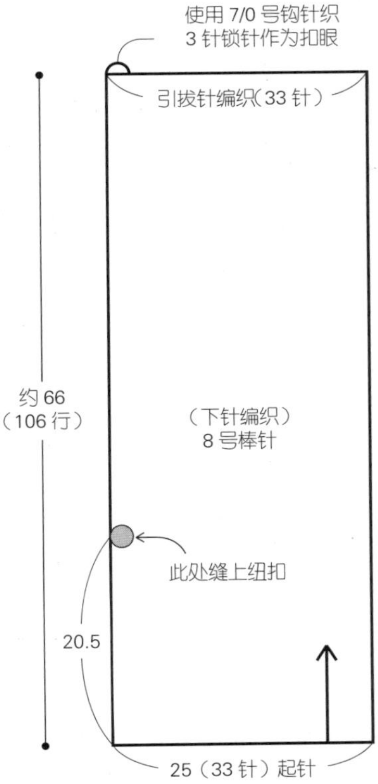

领子的编织符号图

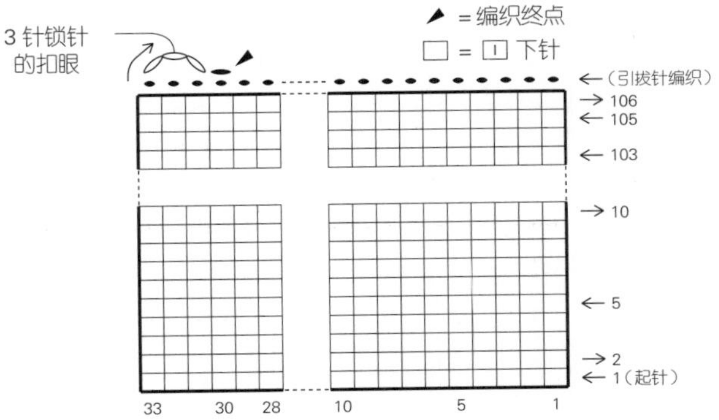

孩子的长背心

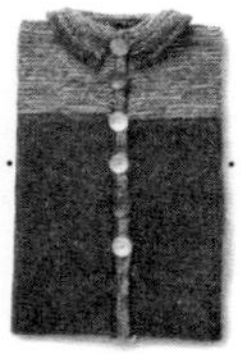

P08

成品尺寸

胸围约70.5cm、衣长约54cm

材料

超粗平直毛线

玫瑰粉色（30）…161g，黄色（10）、绿色（37）…各41g

中粗平直毛线

艳玫瑰粉色（114）…121g 、紫色（66）…41g

中粗山羊毛线

茶色（6号）、灰色（4号）…各41g

纽扣（直径3.4cm）

粉红色、红色、白色…各2颗

工具

13号、15号棒针（4根、30cm），9/0号钩针，手缝针

编织密度

10cm×10cm面积内：起伏针（13号棒针）13针、25.5行

编织要点

- 参照P60的“针、线、编织方法”进行编织。
- 身片部分按照①~④进行。
- 参照P38的“从起伏针挑针的方法”进行编织。
- ①身片起针50针，编织起伏针174行，织到最后一行做伏针收针。
- ②、④身片分别从①身片的两端挑针22针，编织起伏针39行。织到最后一行时休针。
- ③身片在①身片处挑针44针，编织起伏针39行，织到最后一行结束时休针。
- 肩膀处■和■相对，◆和◆相对，正面相对，引拔钉缝。
- 前门襟分别从左、右身片的侧边挑针68针，然后钩织3行短针。右前门襟在第2行处钩织3针锁针作为扣眼。
- 衣领参照P59的“领子的编织方法”进行编织。
- 参照“收尾方法”进行收尾。
- 将线头塞入织片中。

身片的编织图

※请参照“针、线、编织方法”进行编织

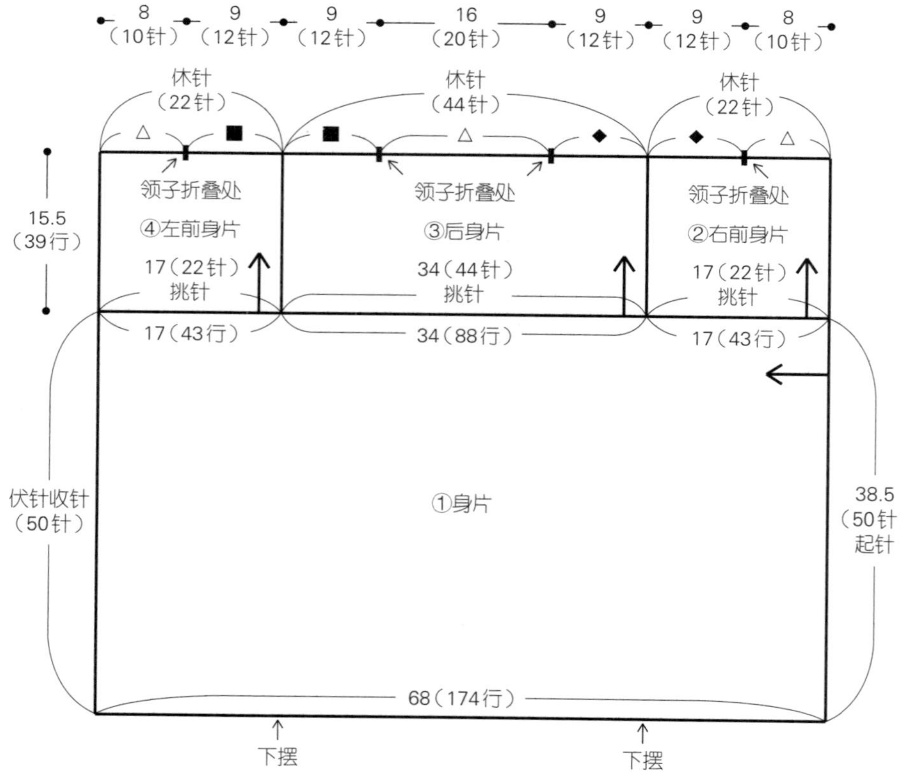

①身片的编织符号图

□ = 下针

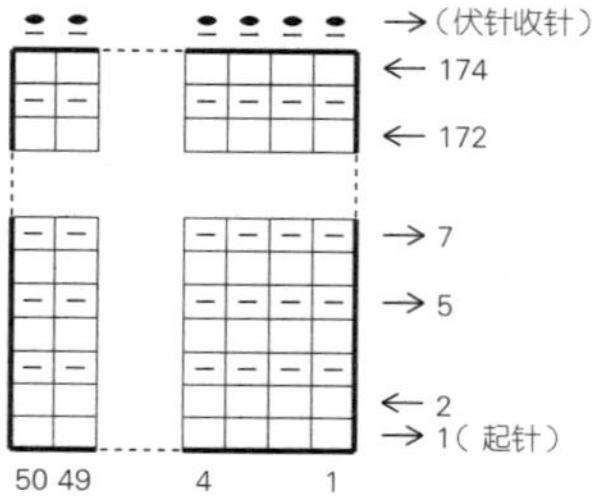

②、④右前、左前身片的编织符号图

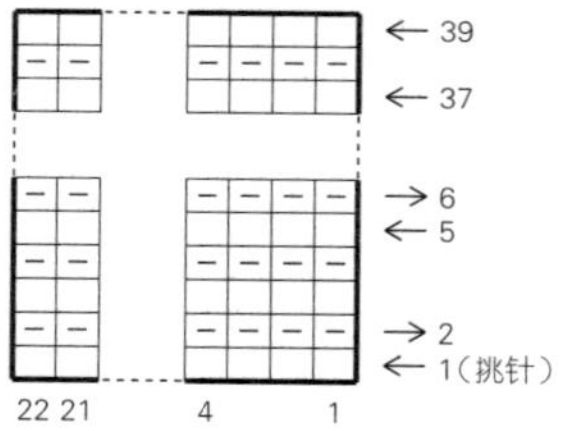

③后身片的编织符号图

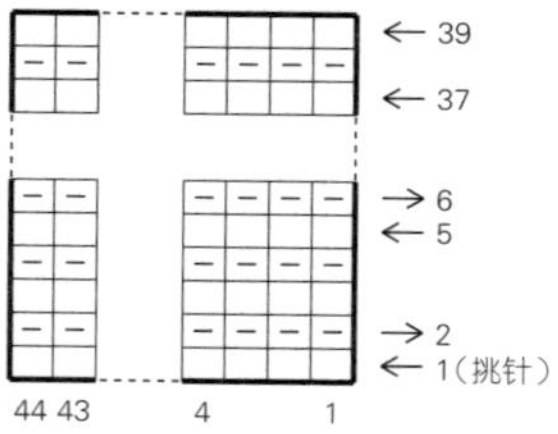

前门襟、领子的编织图

※参照"针、线、编织方法"编织

※领子参照"领子的编织方法"进行编织

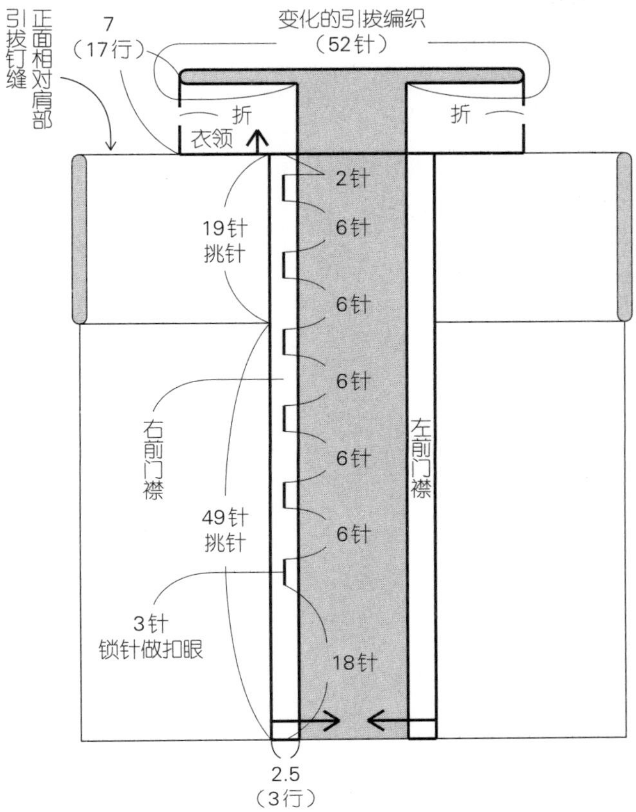

右前门襟的编织符号图

※左前门襟上无需扣眼

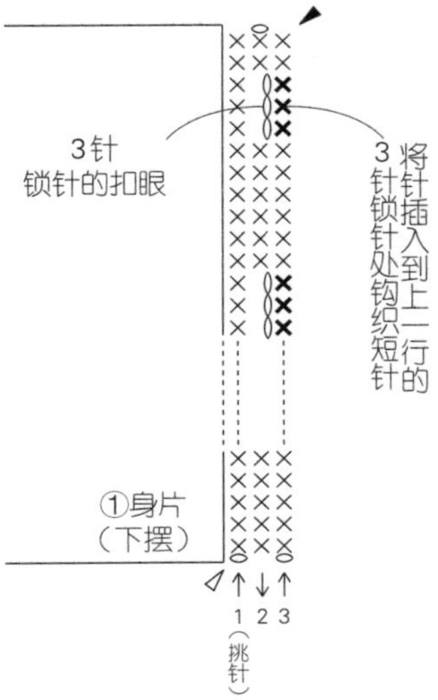

▷ = 系上新毛线的编织始点

◀ = 编织终点

收尾方法

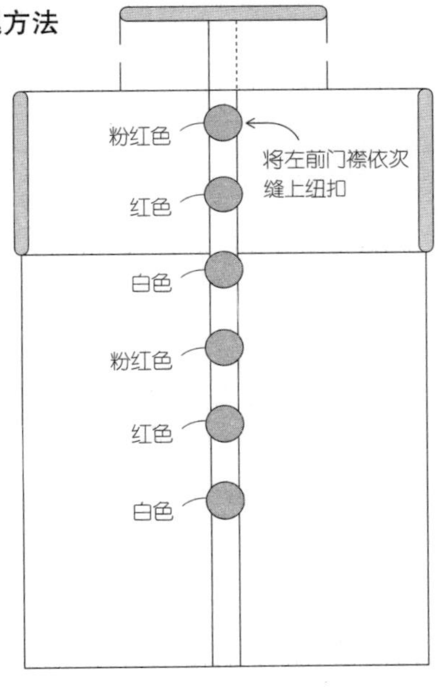

领子的编织方法

领子是在肩部引拔钉缝完成后开始编织的。面向织片的正面，从②、③、④身片和指定位置上挑针52针（挑针方法参照"领子的编织符号图"），编织16行起伏针。第17行起换用9/0号钩针，做变化的引拔针编织。

领子的编织符号图

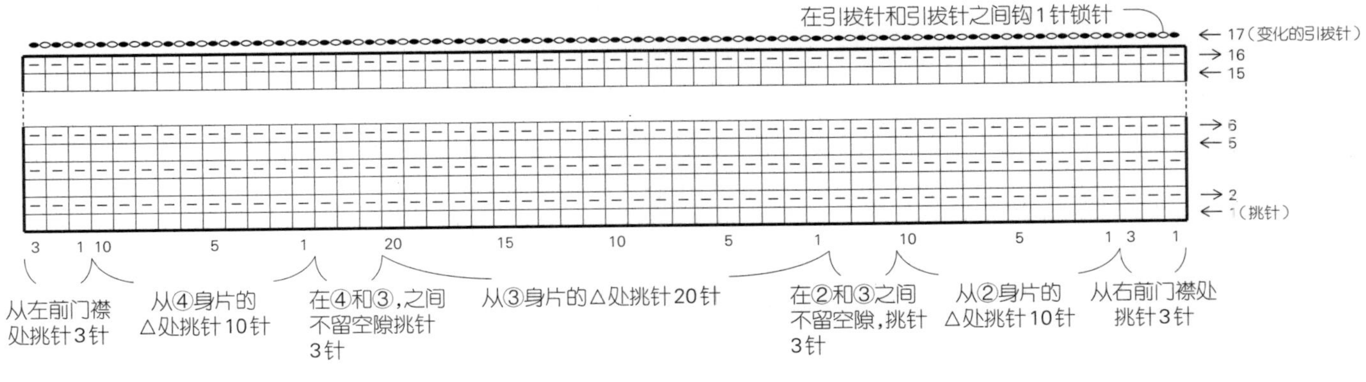

针、线、编织方法

※将超粗平直毛线、中粗平直毛线和中粗羊毛线 3 根一起

	行数	针	超粗平直毛线	中粗平直毛线	中粗羊毛线	编织方法
右前门襟	2~3行	9/0号钩针	黄色(10)	艳玫瑰粉色(114)	灰色(4)	短针
	1(挑针)行		绿色(37)	艳玫瑰粉色(114)	灰色(4)	
左前门襟	1(挑针)~3行		玫瑰粉色(30)	艳玫瑰粉色(114)	茶色(6)	
领子	17行	9/0号钩针	玫瑰粉色(30)	艳玫瑰粉色(114)	灰色(4)	变化的引拔针
	14~16行	15号棒针	玫瑰粉色(30)	艳玫瑰粉色(114)	灰色(4)	起伏针
	9~13行	15号棒针	黄色(10)	艳玫瑰粉色(114)	灰色(4)	
	1(挑针)~8行	13号棒针	黄色(10)	艳玫瑰粉色(114)	灰色(4)	
④左前身片	1(挑针)~39行	13号棒针	黄色(10)	紫色(66)	灰色(4)	
③后身片	1(挑针)~39行		绿色(37)	紫色(66)	灰色(4)	
②右前身片	1(挑针)~39行		黄色(10)	紫色(66)	灰色(4)	
①身片	1(挑针)~174行		玫瑰粉色(30)	艳玫瑰粉色(114)	茶色(6)	

宝宝的保暖衣

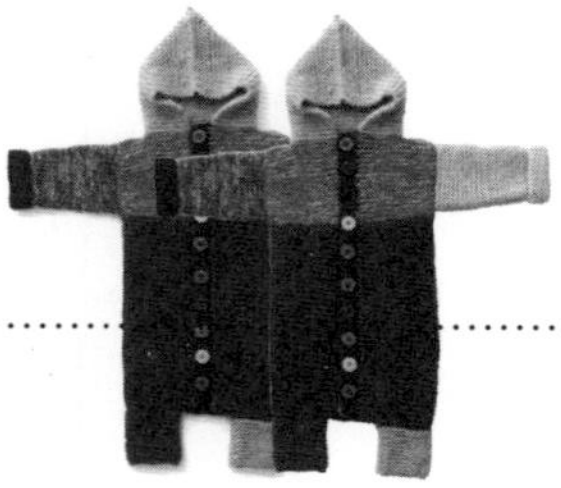

P09

成品尺寸

胸围约53.5cm、衣长约45.5cm(不包括脚)、
衣宽约21.5cm(不折叠袖口)

材料

超粗平直毛线
绿色(37)…112g，红色(32)、黄绿色(13)、蓝色(33)、薰衣草色(7)…各40g
中粗羊毛线
灰色(4)…38g
超细羊毛线
深绿色(45)…18g
纽扣(直径2.2cm)
红色…3颗，深绿色、原色…各2颗，黑色、黄褐色、灰色…各1颗

工具

5号、8号棒针(4根、30cm)，7/0号钩针，手缝针

编织密度

10cm×10cm面积内：起伏针编织(8号棒针)15针、29.5行

编织要点

- 参照P63的“针、线、编织方法”进行。
- 身片按照①~④编织。
- 参照P38的“从起伏针挑针的方法”进行编织。
- ①身片起针50针，编织149行起伏针。织到最后一行伏针收针。
- ②、④身片分别从①身片处挑针19针，编织起伏针36行。织到最后一行休针。
- ③身片①在身片处挑针38针，编织起伏针36行，织到最后一行后休针。
- 肩部■和■、◆和◆对齐，织片正面相对，引拔钉缝。
- 右袖子从③、②身片处，左袖子从④、③身片处分别挑针35针，分别织起伏针42行。左、右袖口分别换线，继续编织起伏针25行。织到最后一行伏针收针。
- 右脚在◉处，左脚在◎处分别挑针30针，编织起伏针25行。织到最后一行伏针收针。
- 前门襟分别在左、右身片侧边挑针74针，钩织短针5行。左前门襟的第3行，钩织2针锁针作为扣眼。
- 帽子参照P61的“帽子的编织方法和收尾方法”进行编织。
- 袖子下缝挑缀缝合，袖口卷针缝缝合。
- 脚内踝处挑缀缝合。
- 参照“收尾方法”进行收尾。
- 将线头塞入织片中。

身片的编织图

※参照“针、线、编织方法”编织

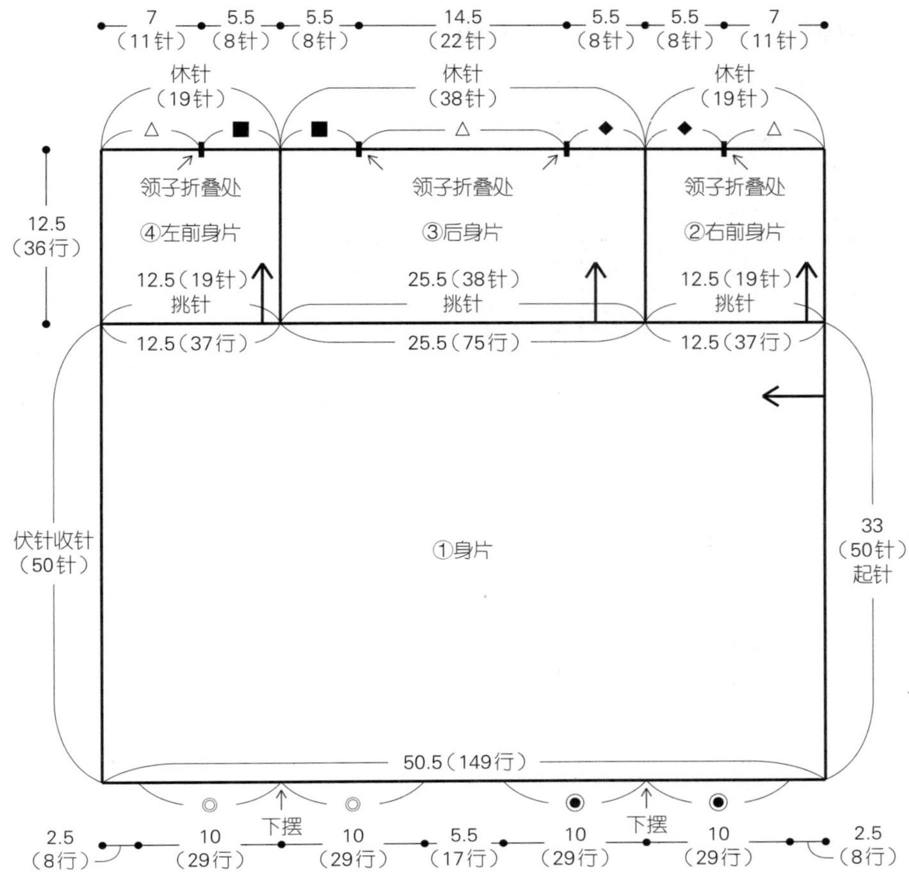

①身片的编织符号图

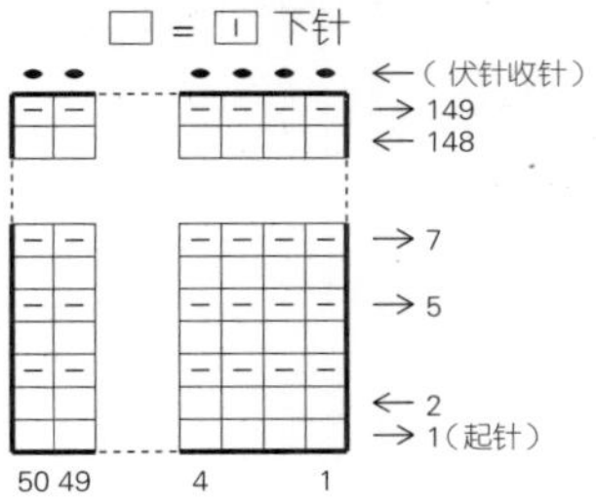

②、④身片的编织符号图

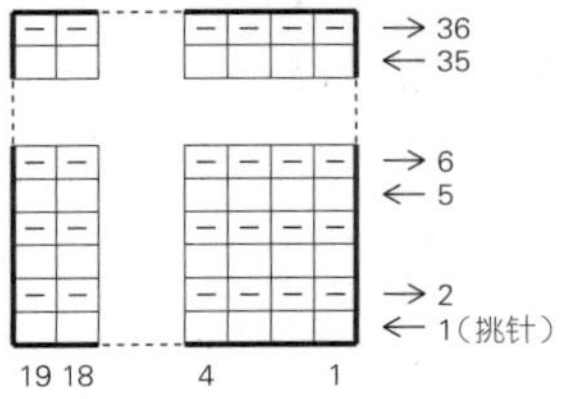

③身片的编织符号图

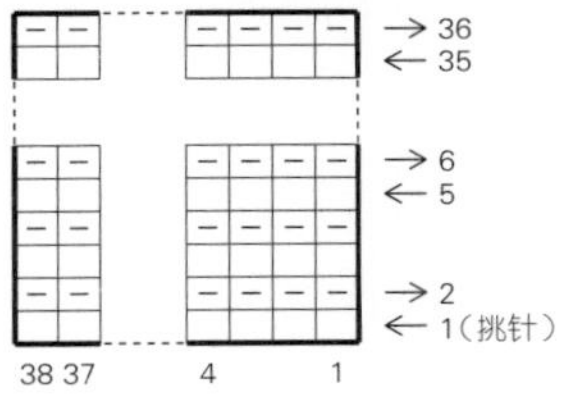

帽子的编织方法和收尾方法

帽子的编织在肩部进行引拔钉缝后进行。面对身片的正面从②、③、④身片以及指定位置挑针48针（挑针方法请参照“帽子的编织符号图”），织起伏针55行。第56行的24针织完后，将所织部分向外折，然后将★和☆相对，看着正面并引拔钉缝完成（从织片的正面可以看到锁针）。

帽子的编织符号图

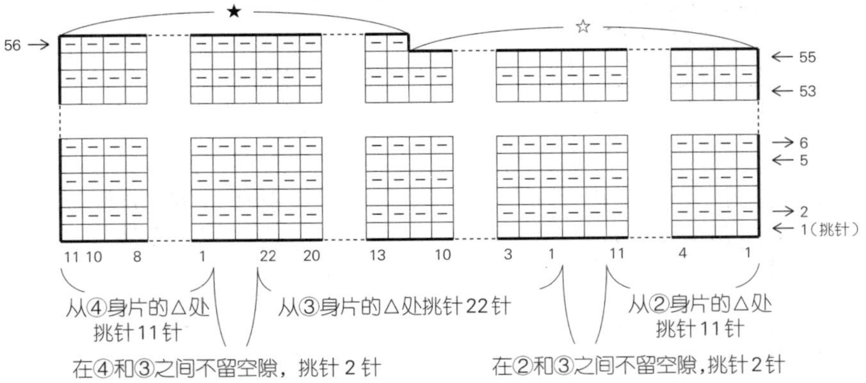

帽子、袖子、袖口、脚部和前门襟的编织图

※参照“针、线、编织方法”编织

※帽子参照“帽子的编织方法和收尾方法”进行编织

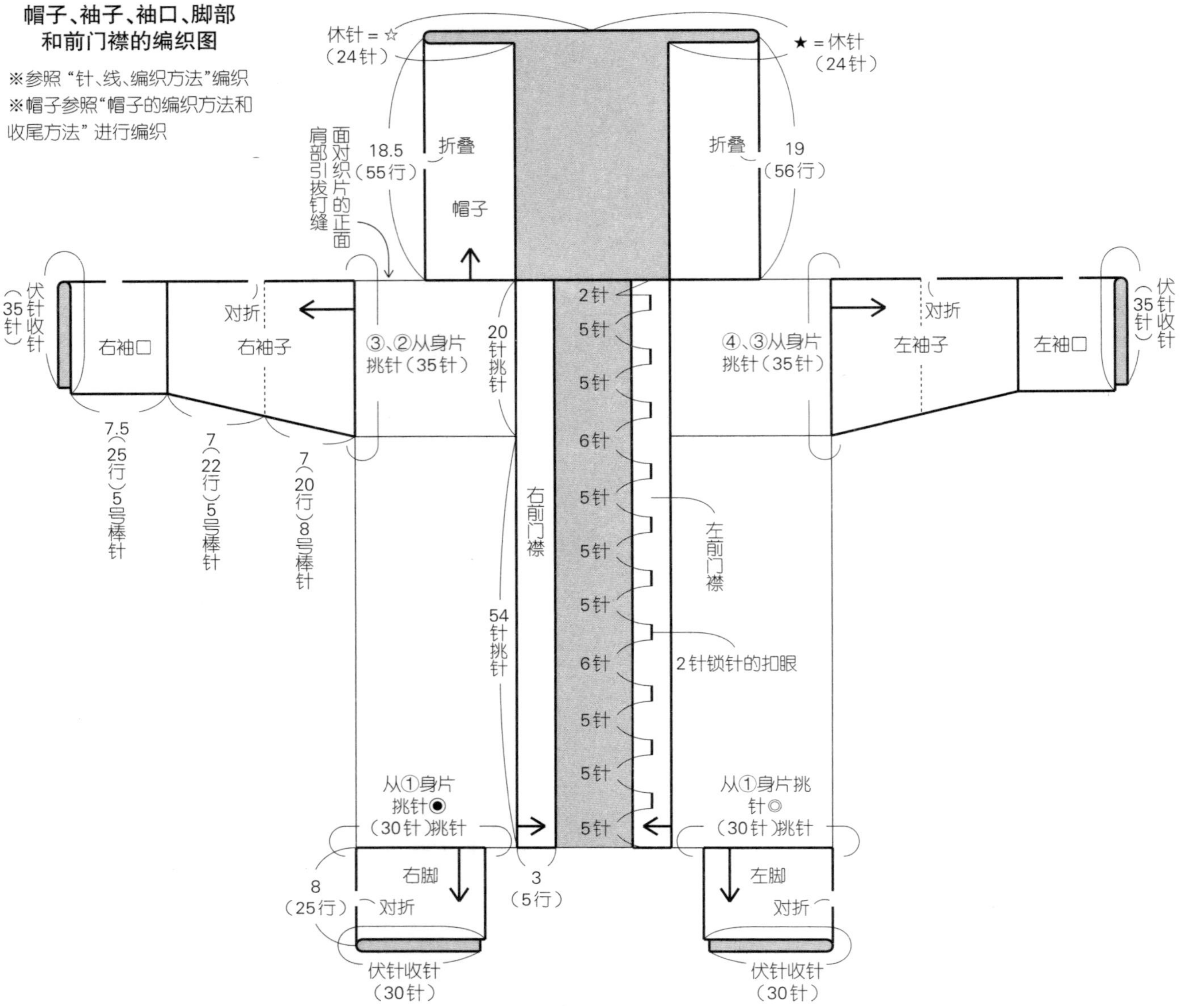

左前门襟的编织符号图

※右前门襟上不用制作扣眼

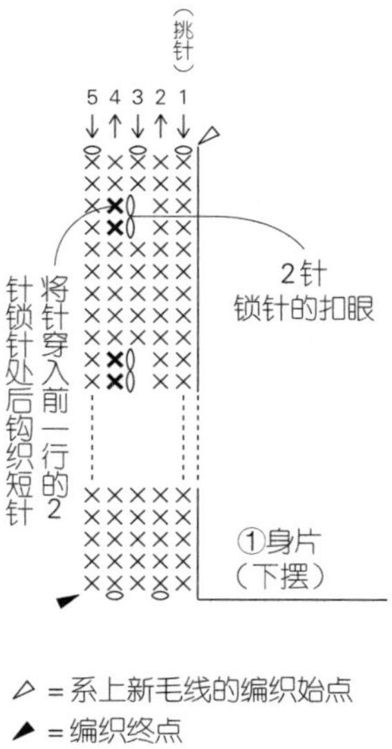

▷ = 系上新毛线的编织始点

◢ = 编织终点

袖子和袖口的编织符号图

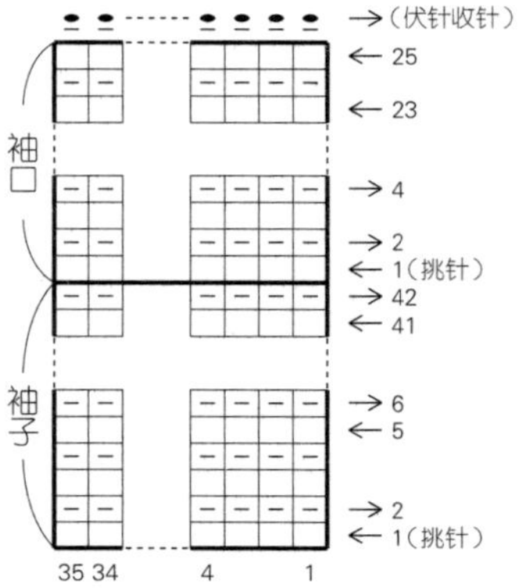

脚部的编织符号图

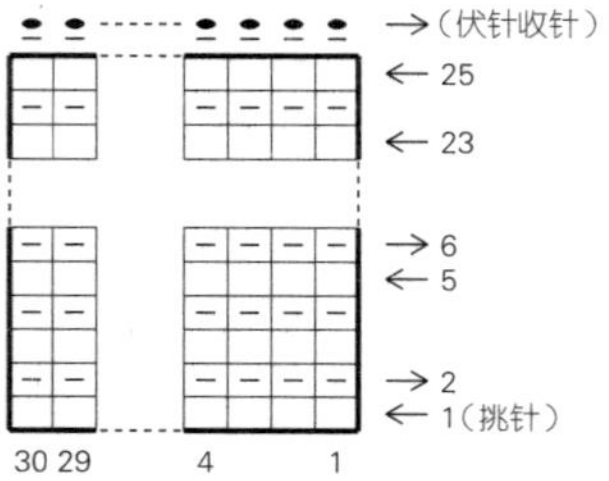

针、线、编织方法

前门襟、袖口和脚部使用 1 根线。除此之外使用超粗平直毛线和中粗羊毛线或是超细羊毛线 2 根一起编织。

	行数	针	超粗平直毛线	中粗羊毛线	超细羊毛线	编织方法
右前门襟	1（挑针）~5行	7/0号钩针	薰衣草色（7）			短针
左前门襟	1（挑针）~5行		蓝色（33）			
帽子	1（挑针）~56行	8号棒针	黄绿色（13）	灰色（4）		起伏针
右袖口	1（挑针）~25行	5号棒针	蓝色（33）			
右袖子	21~42行	5号棒针	蓝色（33）	灰色（4）		
	1（挑针）~20行	8号棒针	蓝色（33）	灰色（4）		
左袖口	1（挑针）~25行	5号棒针	薰衣草色（7）			
左袖子	21~42行	5号棒针	薰衣草色（7）	灰色（4）		
	1（挑针）~20行	8号棒针	薰衣草色（7）	灰色（4）		
右脚	1（挑针）~25行	8号棒针	绿色（37）			
左脚	1（挑针）~25行		黄绿色（13）			
④左前身片	1（挑针）~36行	8号棒针	红色（32）	灰色（4）		
③后身片	1（挑针）~36行		红色（32）	灰色（4）		
②右前身片	1（挑针）~36行		红色（32）	灰色（4）	深绿色（45）	
①身片	1（起针）~149行		绿色（37）			

收尾方法

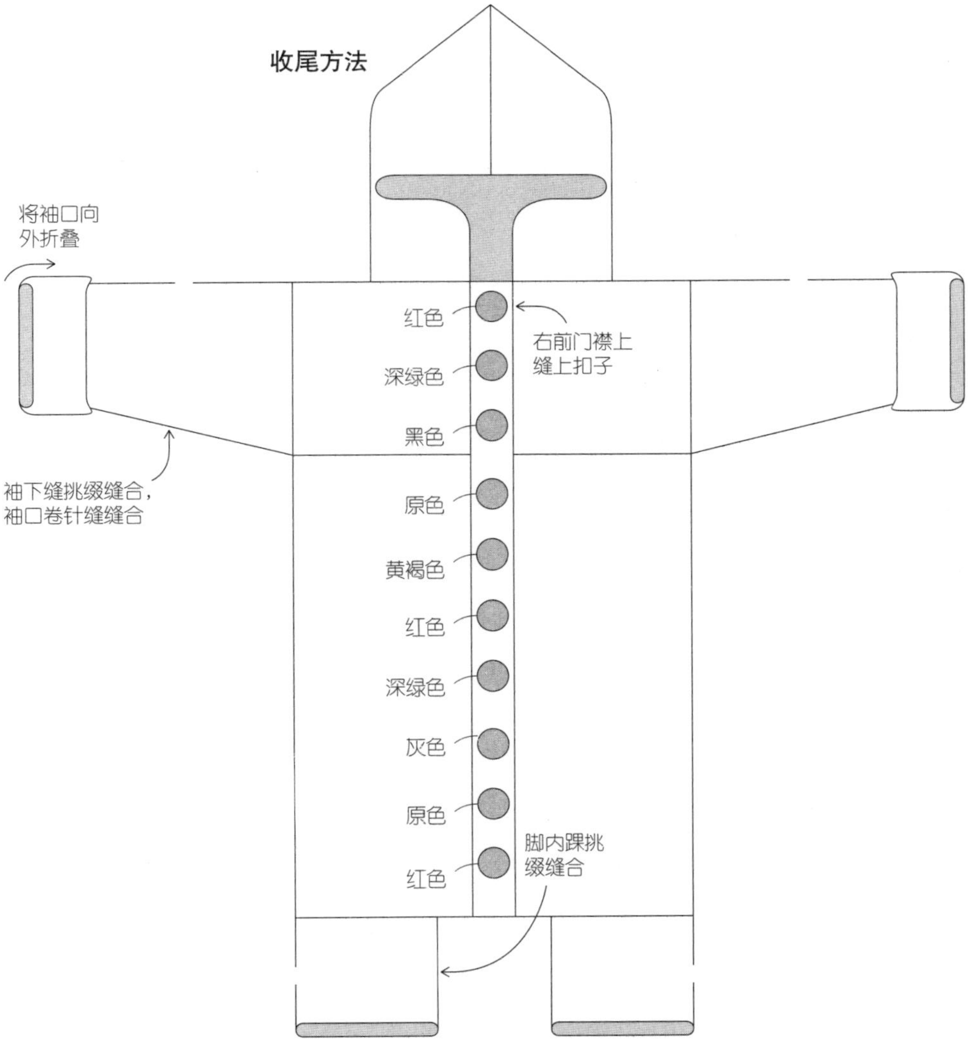

横编式带毛领的马甲

P13

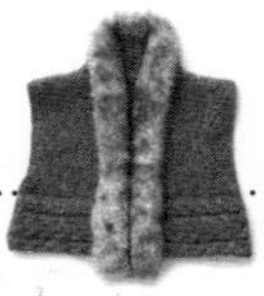

成品尺寸

胸围约75cm、衣长约30cm

材料

超粗平直毛线

棕米色（93）…172g

超粗仿皮草线

米色（2）…55g

挂钩（约2cm）…1组

工具

11号棒针、10/0号钩针、麻花针 、手缝针

编织密度

10cm×10cm面积内：起伏针 16.5针、30.5行

10cm×10cm面积内：编织花样 23针、22行

编织要点

- 身片按照①~③的顺序来编织。
- ①左前身片用11号棒针和超粗仿皮革线起69针，编织12行。然后换超粗平直毛线编织花样和起伏针共编织25行。下一行伏针收针13针之后继续编织，最后一行伏针收针。

②后身片使用10/0号钩针，超粗平直毛线钩织33针锁针。使用11号棒针在①左前身片★处挑针23针，在钩出的锁针的里山挑针33针，继续编织花样和起伏针共编织90行。织到最后一行伏针收针。

③右前身片使用10/0号钩针用超粗平直毛线钩织锁针33针，然后用11号棒针在②后身片的☆处挑针23针，继续在钩出锁针的里山挑针33针，并编织余下的23行。在下一行编织56针，加针13针（参照P38的“在两端增加73针的方法”），编织剩下的24行编织花样和起伏针。换超粗仿皮革线后编织12行，直到最后一行伏针收针。

- 肩部◆和◆、■和■相对挑缀缝合。衣领的◉和◉之间要面对所织部分的反面使用挑缀缝合。▲和▲、△和△相对，做针与行的挑缀缝合。
- 参照“收尾方法”进行收尾。
- 将线头塞进织片中。

①左前身片的编织图

11号棒针　除指定外均使用超粗平直毛线

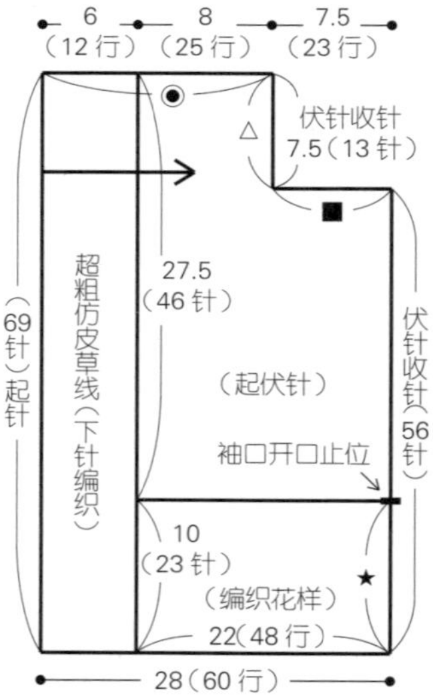

②后身片的编织图

11号棒针　超粗平直毛线

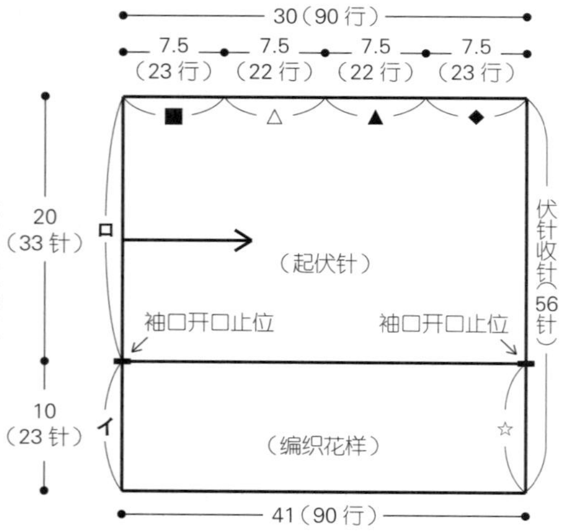

③右前身片的编织图

11号棒针　除指定外均使用超粗平直毛线

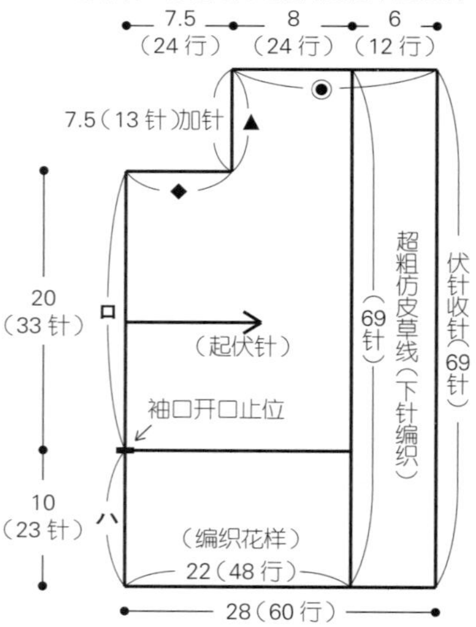

イ＝从①左前身片的★处挑针10（23针）

ロ＝锁针辫上挑针20.5（33针）

ハ＝从②后身片的☆处挑针10（23针）

②后身片的编织符号图

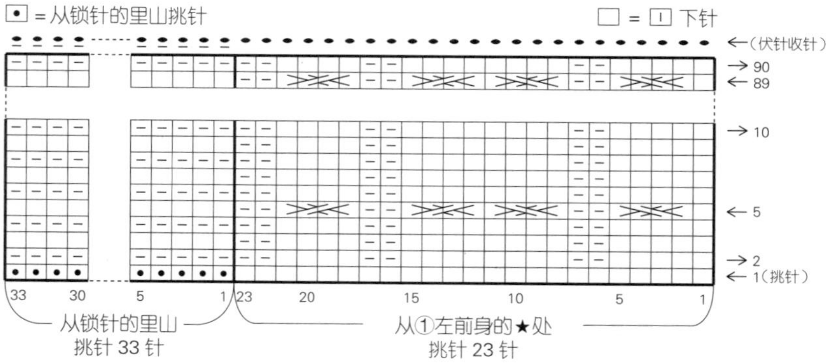

锁针辫的编织符号图

超粗平直毛线
（锁针）10/0 号钩针
（2 根）

20（锁针 33 针）
起针
编织始点

①左前身片的编织符号图

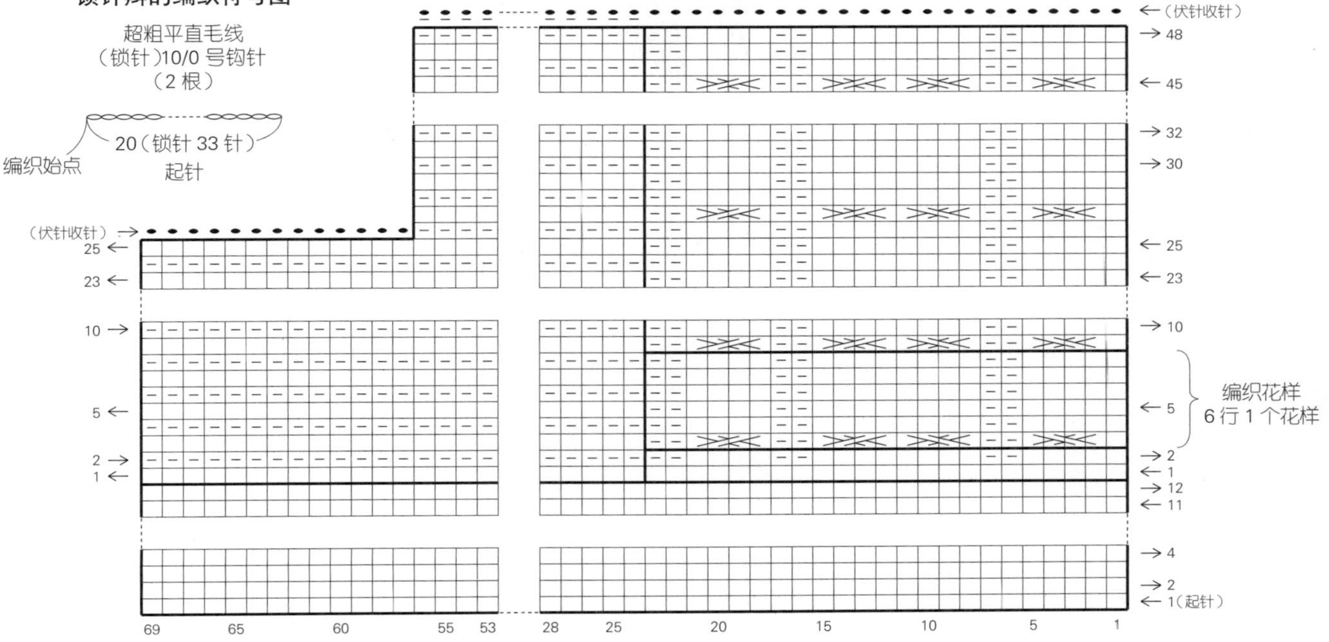

③右前身片的编织符号图

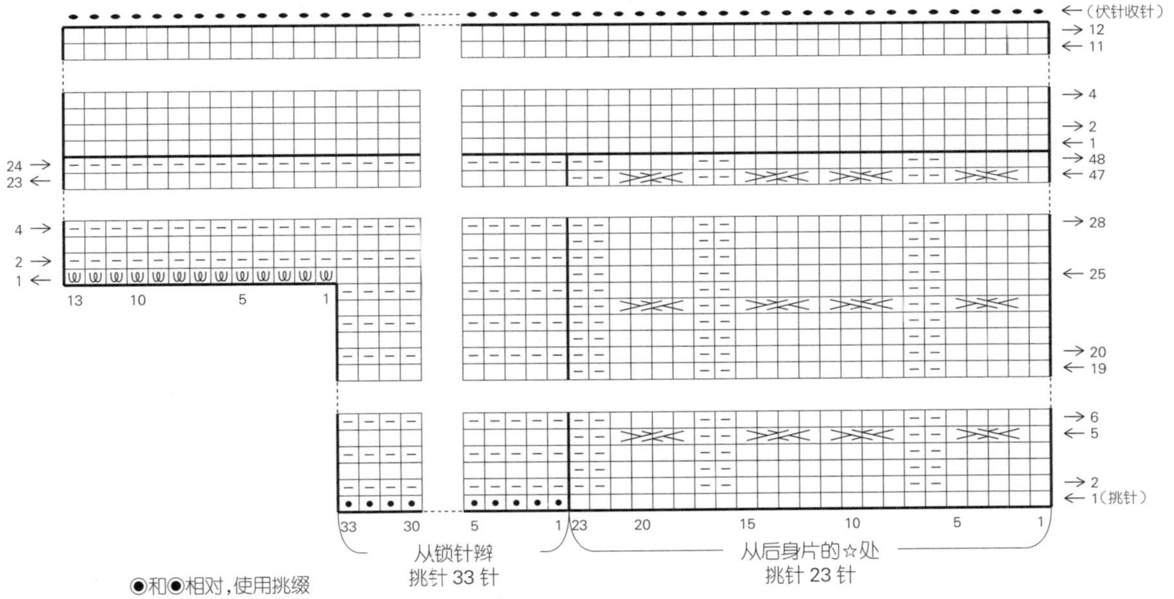

收尾方法

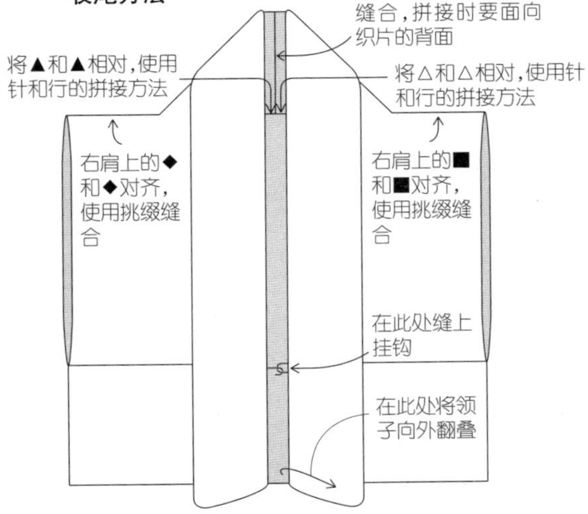

※“从锁针辫挑针 33 针”和“卷针加针”的方法请参照 P38 的“在两端增加 73 针的方法”进行编织

桃红色覆盆子花背心

P17

成品尺寸

胸围88cm、衣长54cm（以背部为中心的长度）

※侧面程度取决于图案A的材质，会有一定收缩

材料

超粗羊毛线

桃红色（8）…275g

工具

12号棒针、10/0号钩针、麻花针、手缝针

编织密度

10cm×10cm面积内：编织花样A 15.5针、25.5行

10cm×10cm面积内：编织花样C 16.5针、20行

编织要点

- 身片要将起针用的毛线留出85cm，用于侧边的缝合，后身片起针92针，前身片起针54针，各自依次编织花样A、B、C、D共计编织100行。织到最后一行伏针收针。
- 在前、后身片指定的位置上系上新的毛线缝合。
- 在侧缝的★和★、☆和☆相对，用预留的85cm的毛线做挑缀缝合。△和△、▲和▲相对，分别使用针和行的拼接缝合，肩部的■和■、◆和◆相对，做引拔接缝。
- 将线头塞入织片中。

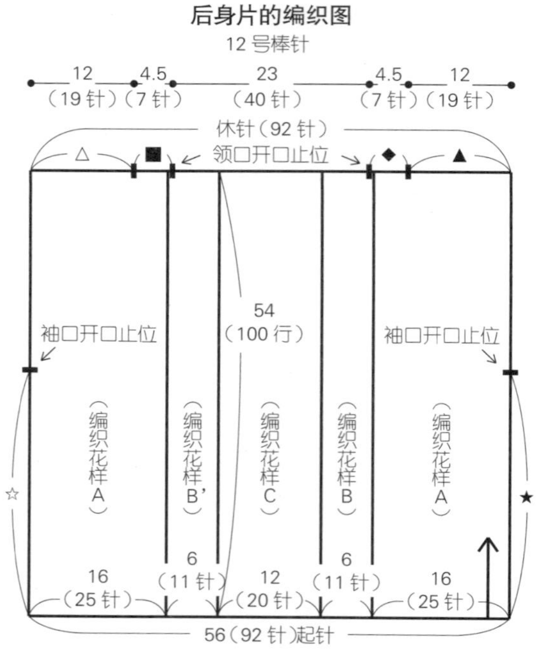

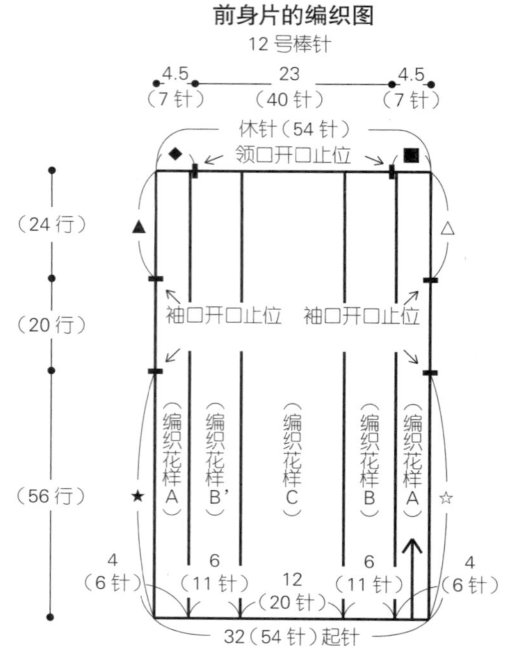

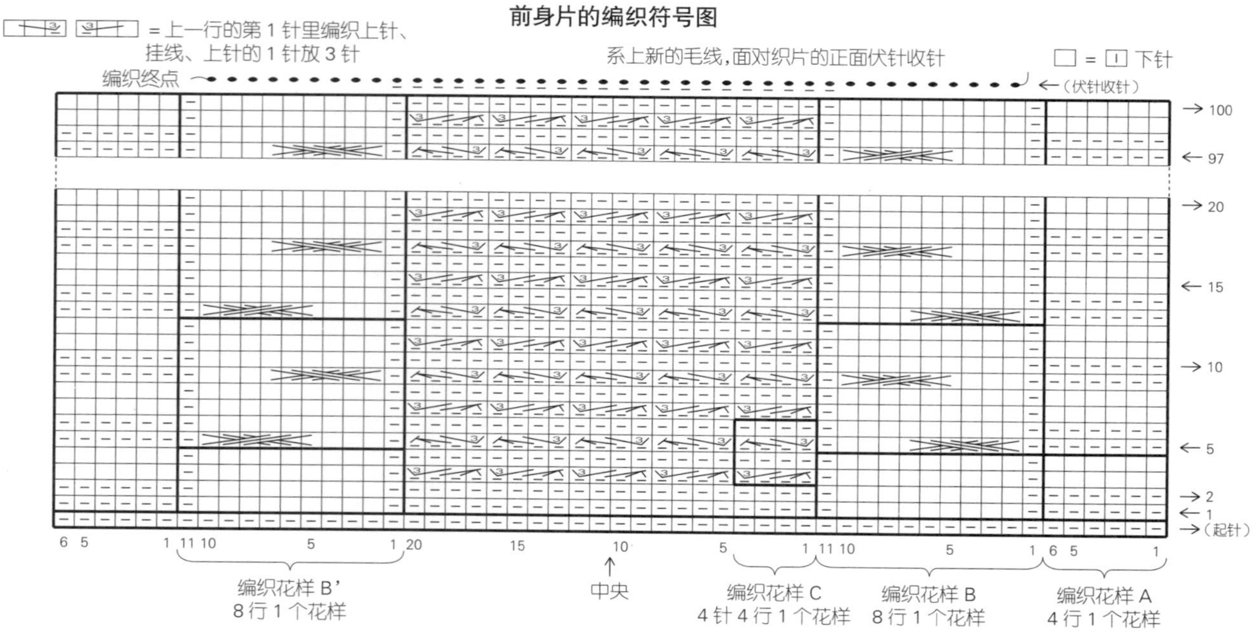

多色百搭长围巾

P27

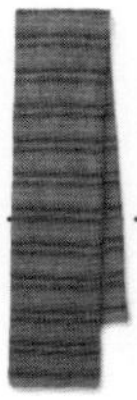

成品尺寸

宽度约18cm、长度约137.5cm

材料

粗织毛线

米黄色(308)…33g，红褐色(321)、红色(322)、朱红色(323)、淡紫色(318)、玫瑰色(320)、橙色(324)、绿色(311)、紫色(317)…各27g

工具

8号棒针、手缝针

编织密度

10cm×10cm面积内：上针编织 20针、27行

编织要点

- 用米黄色毛线起针75针，编织8行起伏针。
- 上针编织358行("条纹的配色"参照P78)。
- 用米黄色毛线编织8行起伏针。最后一行伏针收针。
- 参照"收尾方法"进行收尾。
- 将线头塞入织片中。

围巾编织图

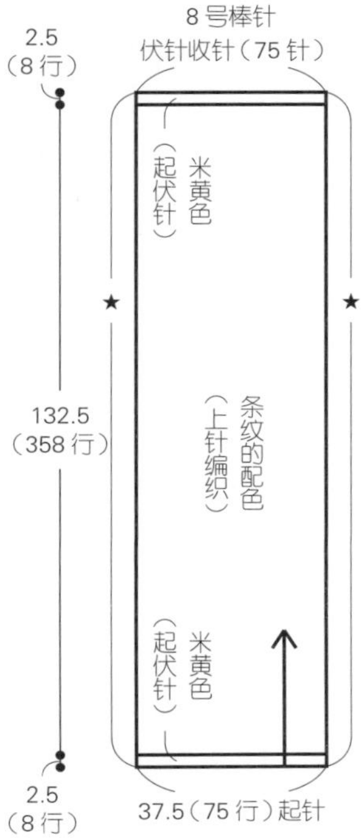

收尾方法

将★吻合处从端头内侧1.5针处挑针缝缝合，使之形成筒状。

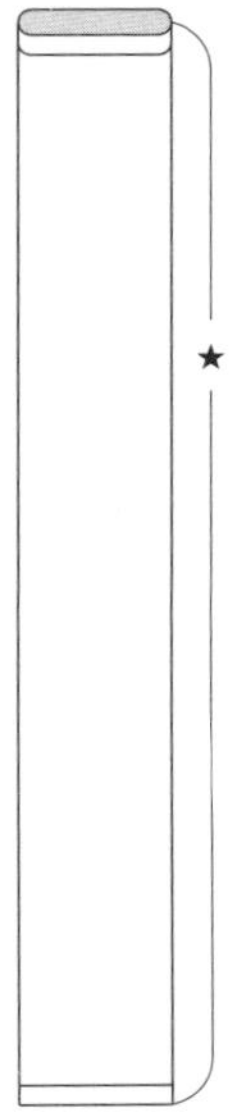

围巾的编织符号图及配色图

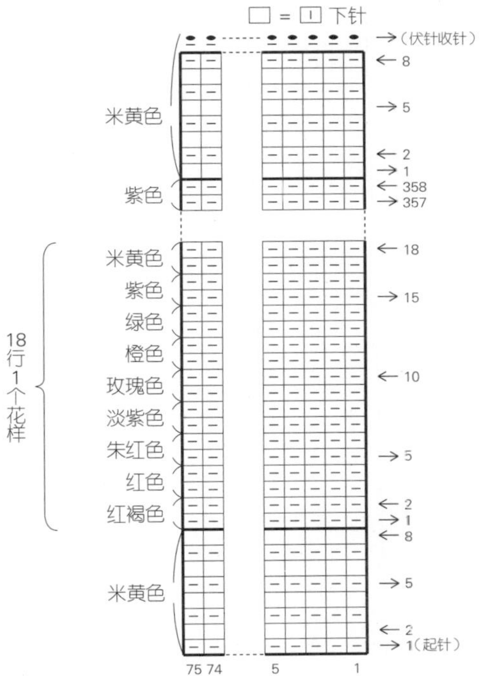

桃红色覆盆子花背心的收尾方法

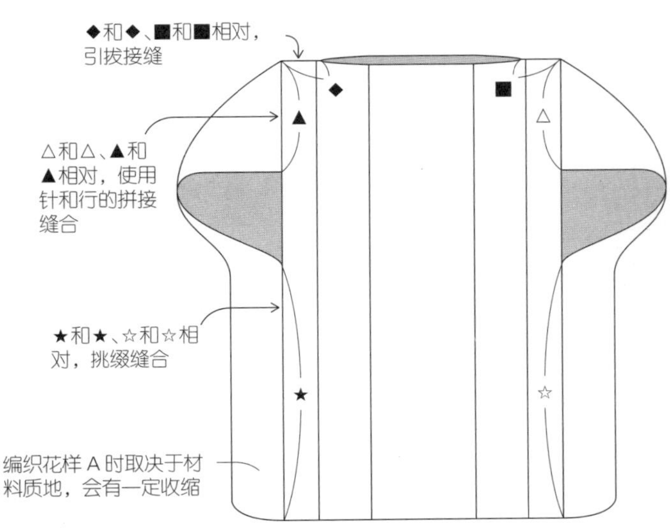

深灰色短斗篷

P15

成品尺寸
胸围约110cm、衣长约41cm

材料
中粗平直毛线
深灰色(329)…245g

工具
8号棒针、钩针(号数与毛线相配)、手缝针

编织密度
10cm×10cm面积内：两行起伏针 118针、37.5行
10cm×10cm面积内：下针编织 19针、25.5行

编织要点
- 另线锁针起针76针，编织2行起伏针、下针编织、起伏针共279行。最后一行伏针收针。
- 参照"收尾方法"进行收尾。
- 将线头塞入织片中。

斗篷的编织图
8号棒针
※行数的长度以毛线质地而不同

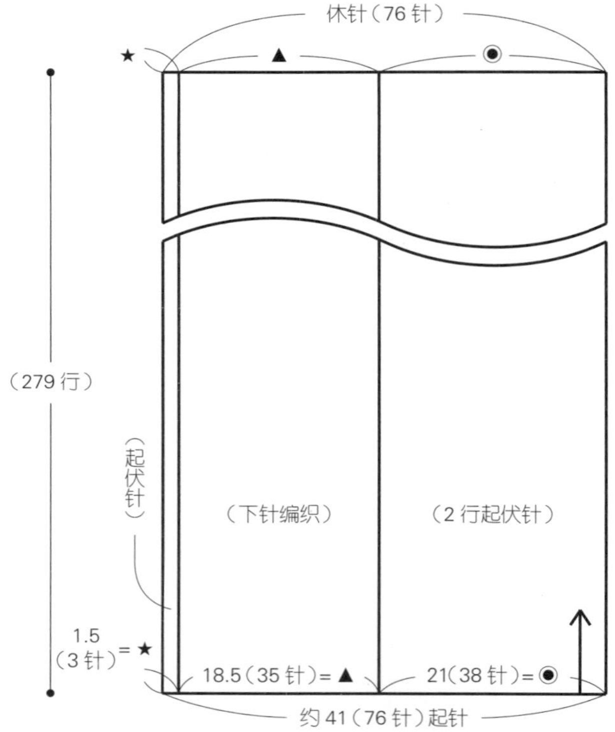

收尾方法
解开另线锁针并挑针，◉和◉相对，使用起伏针钉缝；▲和▲相对，使用下针钉缝；★和★相对，使用起伏针钉缝。

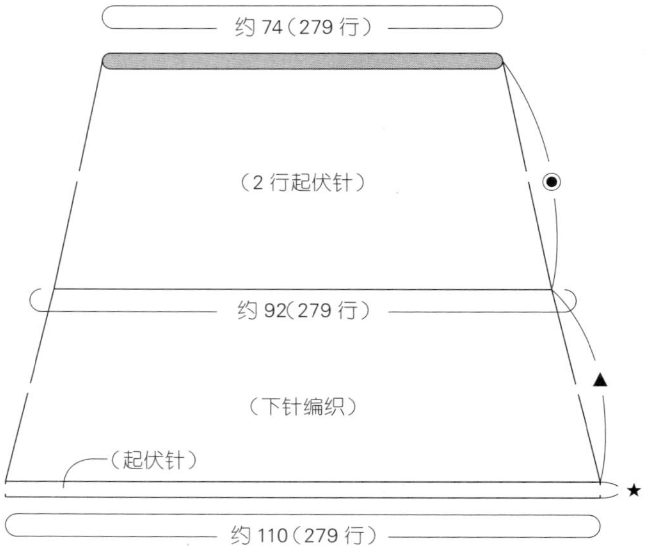

斗篷的编织符号图

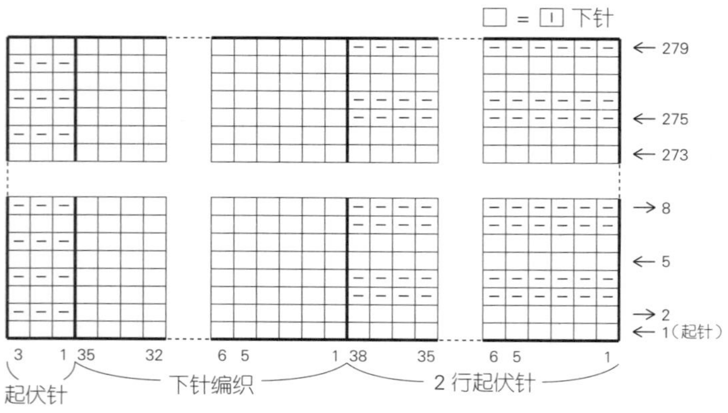

围领式迷你斗篷

P19

成品尺寸
胸围约106cm、长约36cm

材料
超粗平直毛线
绿色（113）···265g

工具
12号、15号、8mm环形针（80cm），手缝针

编织密度
10cm×10cm面积内：编织花样A（8mm）10针、17行
10cm×10cm面积内：编织花样B（12号）115.5针、17行

编织要点
- 用8mm环形针先起针108针，编织花样A共织24行，然后换15号环形针织编织花样A8行。
- 编织花样B织6行。换12号环形针后再织编织花样B 24行。最后一行伏针收针。
- 将线头塞入织片中。

斗篷的编织图

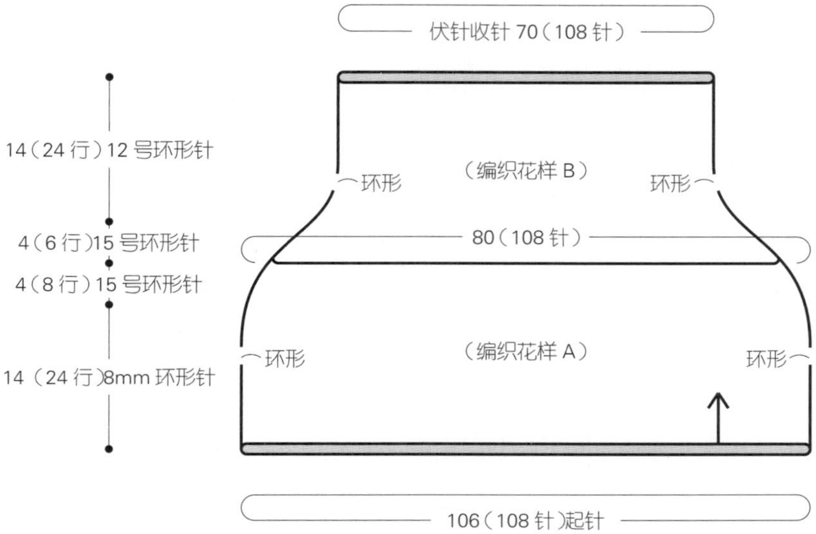

斗篷的编织符号图

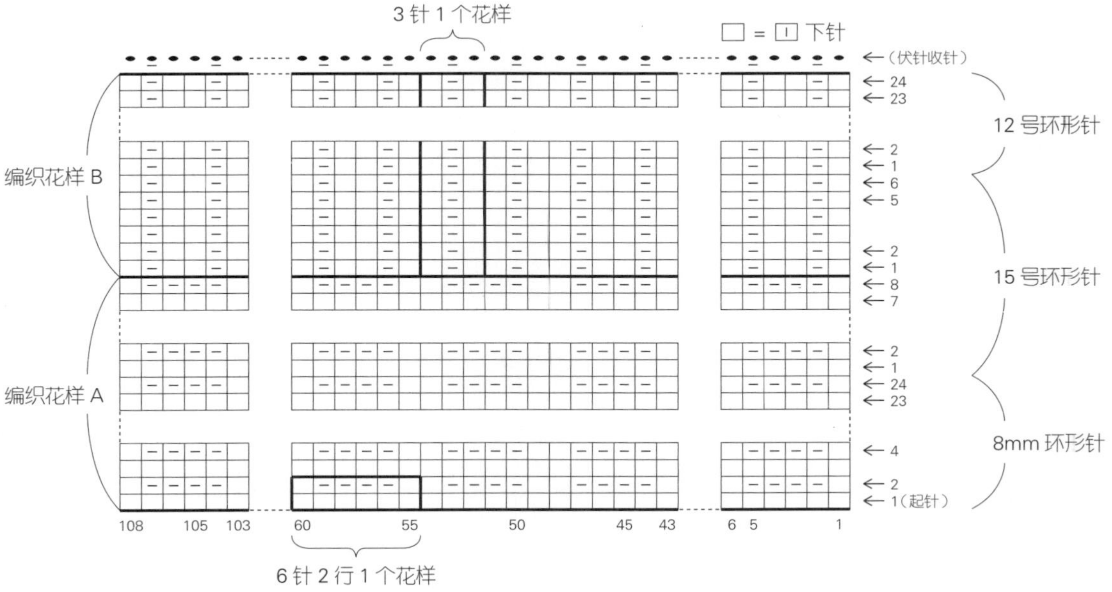

竹篮花长围脖

P21

成品尺寸
周长约111cm 、宽约25cm

材料
中粗平直毛线
　宝蓝色（9）…275g

工具
8号棒针、7/0号钩针、麻花针、手缝针

编织密度
10cm×10cm面积内：编织花样 32针、26行

编织要点
- 参照P40的“竹篮花的编织方法”进行编织。
- 另线锁针起针80针，编织花样（两端的2针织上针）共计288行。最后一行伏针收针。
- 参照“收尾方法”进行收尾。
- 将线头塞入织片中。

围脖的编织图

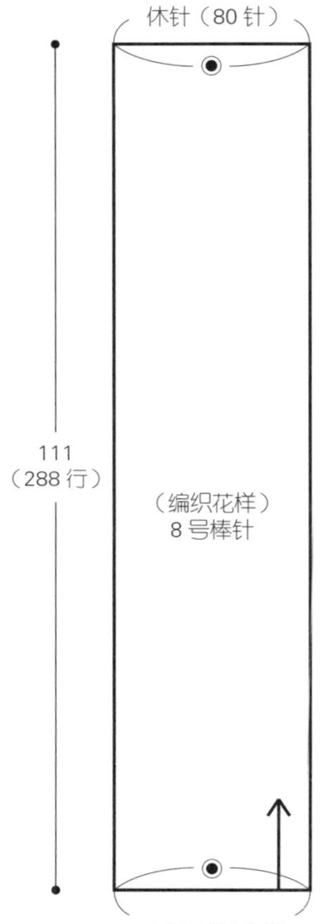

围脖的编织符号图

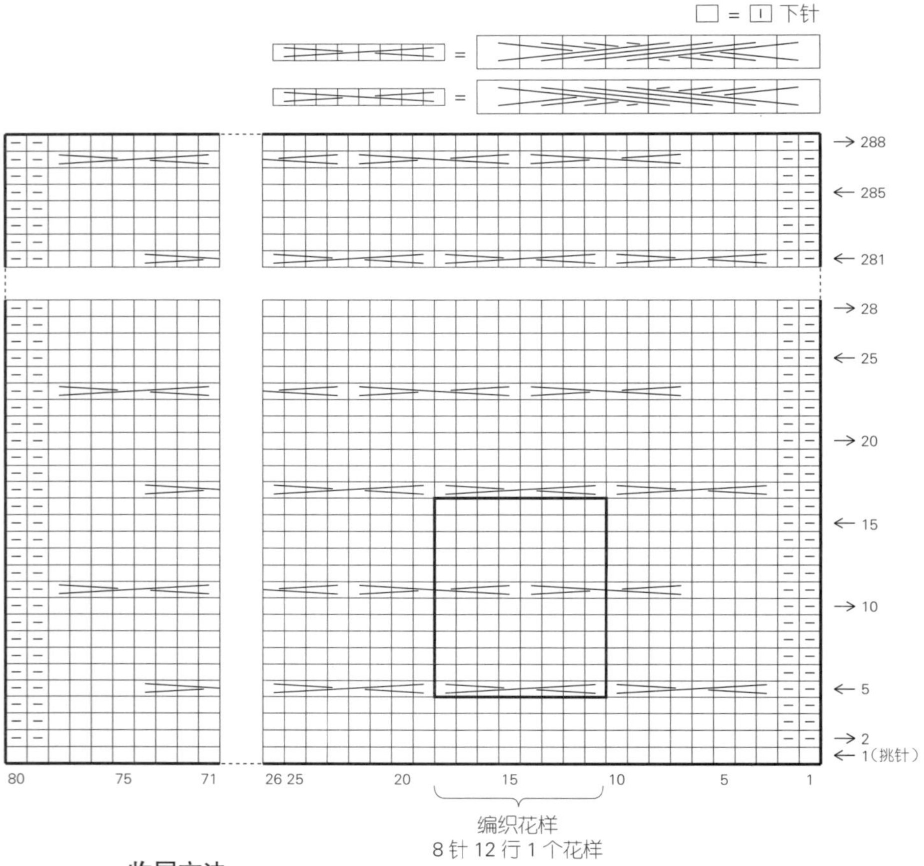

收尾方法

解开另线锁针起针并挑针，◉和◉相对，使用盖针缝钉缝。

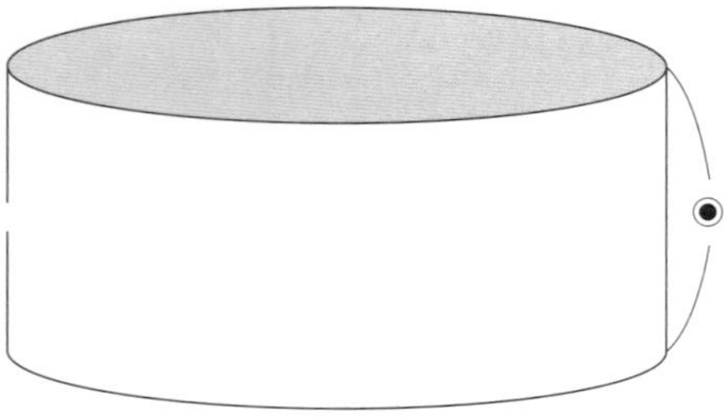

竹篮花围领

P21

成品尺寸
周长约64.5cm 、宽约20cm

材料
粗平直毛线
玫瑰红色(5)…125g

工具
8号棒针、7/0号钩针、麻花针、手缝针

编织密度
10cm×10cm面积内：编织花样 32针、26行

编织要点
- 参照P40的"竹篮花的编织方法"进行编织。
- 另线锁针起针64针，编织花样(两端的2针是上针)168行。最后一行休针。
- 参照"收尾方法"进行收尾。
- 将线头塞入织片中。

围领的编织图

收尾方法

解开另线锁针起针并挑针，◉和◉相对，使用盖针缝钉缝。

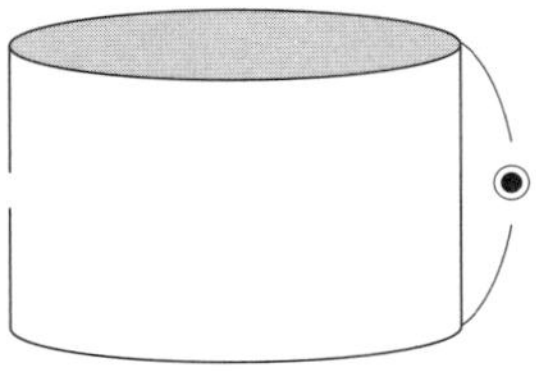

围领的编织符号图

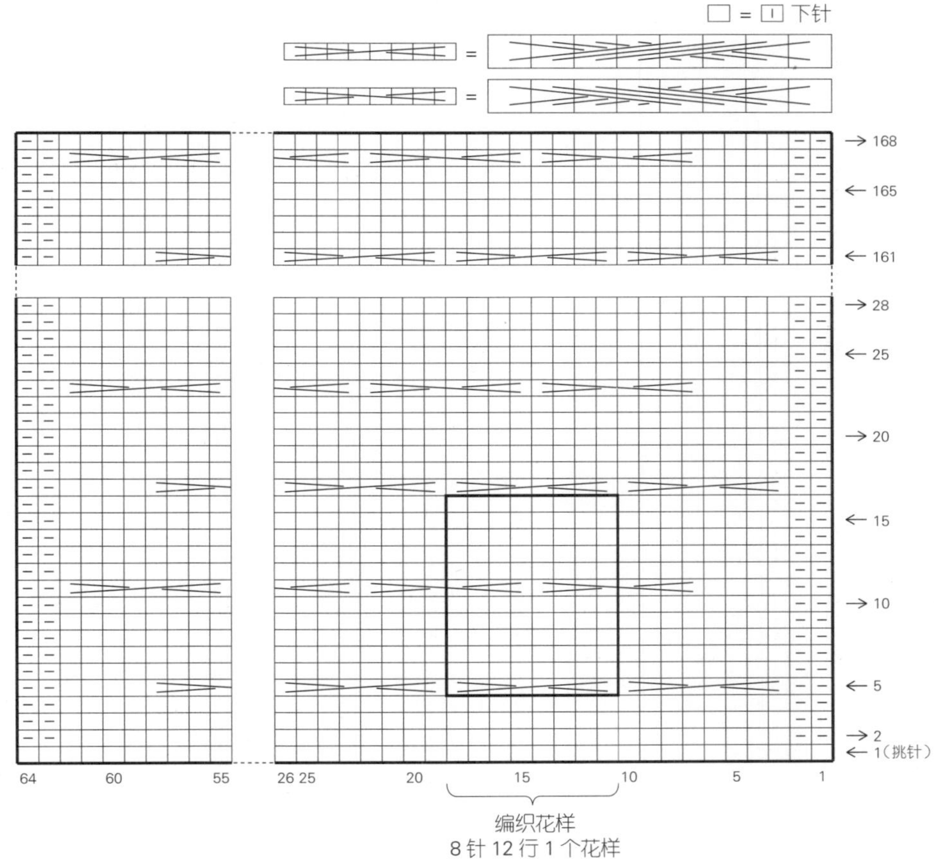

系带式围脖

P25

成品尺寸
宽14cm、长76cm（不含系带的长度）

材料
超粗平直毛线
　A黑色（110）、B黄色（111）、C橙色（104）…各50g
极粗毛绒线
　A白色（1）、B茶色（4）、C红色×黑色系（7）…各40g

工具
12号棒针、9/0号钩针、手缝针

编织密度
10cm×10cm面积内：起伏针 10.5针、19行

编织要点
•围脖使用12号棒针和超粗平直毛线起针15针，编织起伏针145行（超粗平直毛线和极粗毛绒线的条纹配色参照P78），最后一行伏针收针。
•系带是使用9/0号钩针和黑色超粗平直毛线钩织2根60针的锁针。
•将线头塞入织片中。
•钩好的系带折叠并于围巾两端的指定位置穿进去，完成最后的收尾。

围脖的编织图

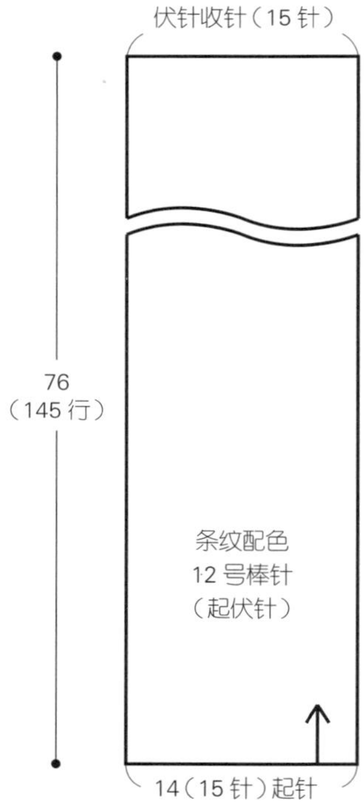

系带的编织符号图

超粗平直毛线使用9/0号钩针
（2根）钩织锁针
（2根）

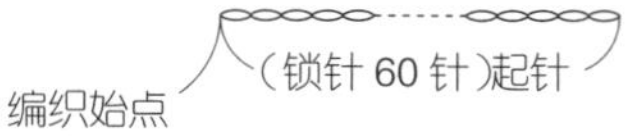

围脖的编织符号图及配色图

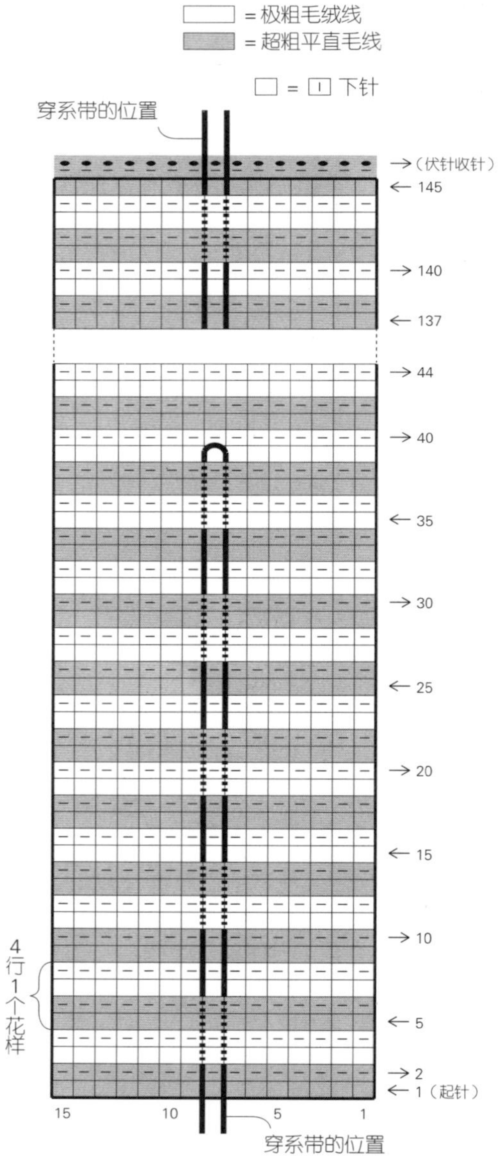

双色直条纹帽子

P29

成品尺寸

头周长约50cm、帽深约22cm

材料

中粗平直毛线

A紫粉色(105)…35g、白色(101)…31g

B绿色(106)…35g、紫粉色(105)…31g

C黄色(102)…35g、灰色(110)…31g

工具

8号环形针(40cm)、手缝针

编织密度

10cm×10cm面积内：花样编织 13针、40行

编织要点

- 参照P40的"直条纹的编织符号图"进行编织。
- 使用8号环形针起针66针，编织直条纹花样66行，10行单罗纹针，4行下针编织。最后一行休针。
- 参照"收尾方法"进行收尾。
- 将线头塞入织片中。

帽子的编织符号图及配色图

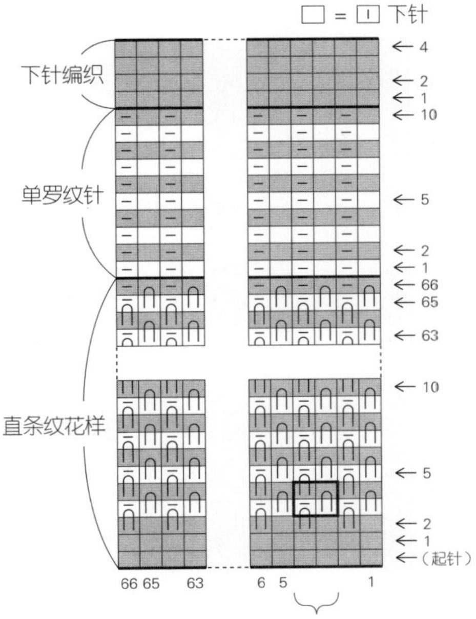

帽子的编织图

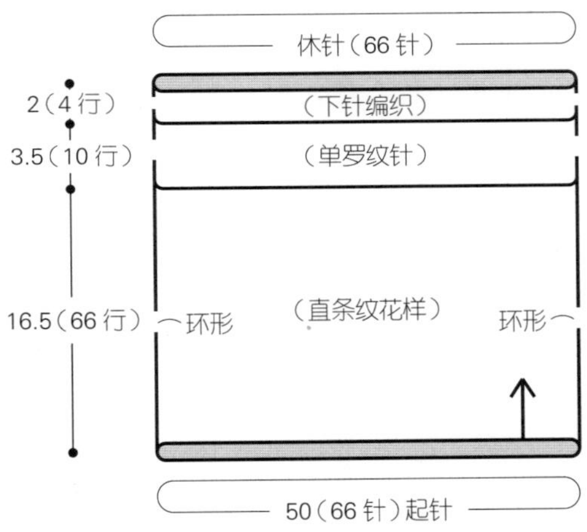

▭ = A 紫粉色(105)
B 绿色(106)
C 黄色(102)

□ = A 白色(101)
B 紫粉色(105)
C 灰色(110)

收尾方法

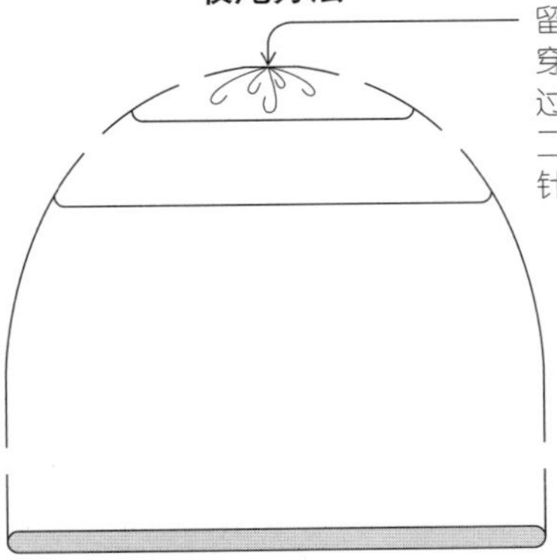

留出大约75cm的毛线，将线穿入手缝针。每隔1针将针穿过休针的针目一圈，并在第二圈将线头穿过剩余的33针后抽紧，收尾。

三股围巾

P33

成品尺寸
宽约20cm、长约97cm

材料
粗花呢毛线
　A紫色系（213）、B黑灰色系（210）…各95g
超粗段染羊毛线
　A紫色系（103）、B灰色系（102）…各50g

工具
9号、12号棒针，手缝针

编织密度
10cm×10cm面积内：起伏针（9号）15针、25行

编织要点
- 参照“针、毛线、编织方法”，按步骤①~⑦进行编织。
- ①先起针30针、编织下针（两端的3针织起伏针）共织32行，织到最后一行将毛线剪断。
- ②织150行起伏针，织到最后一行将毛线剪断。
- ③~⑥参照“步骤③~⑥的编织方法”织到最后一行结束后将毛线剪断。
- ⑦编织16行下针（两端的3针织起伏针），最后一行伏针收针。
- 将线头塞入织片中。

针、毛线、编织方法

	针	超粗段染羊毛线	粗花呢毛线	编织方法
⑦	12号	1根		下针编织、两端的3针织起伏针
③~⑥	12号		2根	起伏针
②	9号		1根	起伏针
①	12号	1根		下针编织、两端的3针织起伏针

围巾的编织图
※参照“针、毛线、编织方法”
※③~⑥参照“步骤③~⑥的编织方法”

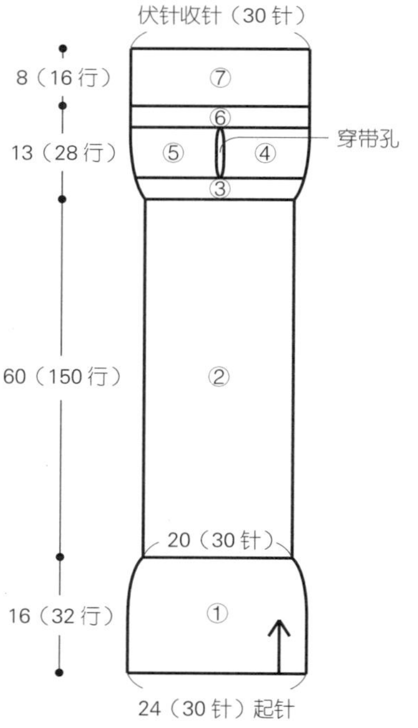

步骤③~⑥的编织方法
- 步骤③将新线团的内外两个线头合为一起，编织6行30针。
- 编织步骤④，将第一行的15针编织完毕后，剩下的15针暂时休针。再编织剩下的15行，织到最后一行后将15针休针并将毛线剪掉。
- 步骤⑤回到休针的15针处，加上新的毛线编织16行，最后一行后将15针休针并将毛线剪掉。
- 步骤⑥是将步骤④休针的15针并回到步骤⑤的针上，然后在这30针上换上新的毛线编织6行。

围巾的编织符号图

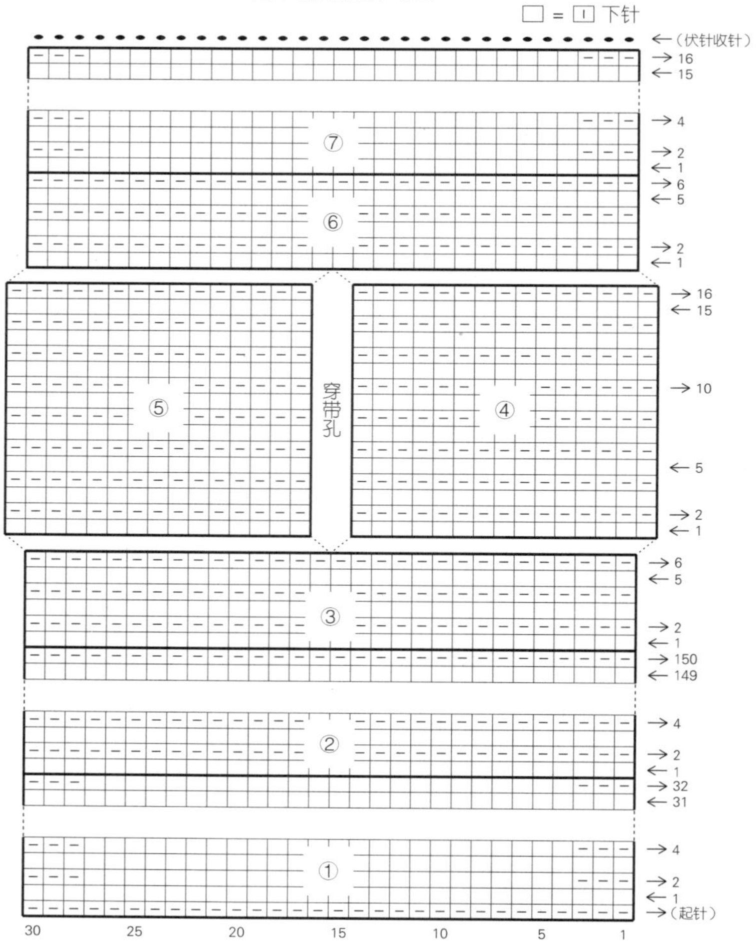

无指手套

P37

成品尺寸

手掌周长21cm、长约23cm

材料

超粗平直毛线

A原色（101）、B绿色（113）、C藏青色（108）…各50g

超粗花呢毛线

A灰褐色（105）、B灰色（103）、C原色（101）…各40g

纽扣（直径1.8cm）

蓝色、橙色、白色、淡蓝色、黄绿色、米黄色…各1颗（A、B、C相同）

工具

8号、12号棒针，手缝针

编织密度

10cm×10cm面积内：起伏针（12号） 11.5针、22行

编织要点

- 按照步骤①~③的顺序进行编织。
- 参照P38的"从起伏针挑针的方法"进行编织。
- ①手掌处参照P78"条纹的配色"进行编织。12号棒针起针15针，编织47行起伏针。最后一行伏针收针。
- ②手腕处配色参照P78"条纹的配色"。用8号棒针在步骤①的手掌处挑针24针，编织12行起伏针，换12号棒针编织起伏针至第23行。最后一行伏针收针。
- ③重合部分使用12号棒针，在步骤②的手腕处挑针12针，编织起伏针7行。最后一行伏针收针。
- 参照"左手的收尾方法"进行收尾。右手与左手收尾方法相同。
- 将线头塞入织片中。

左手的编织图

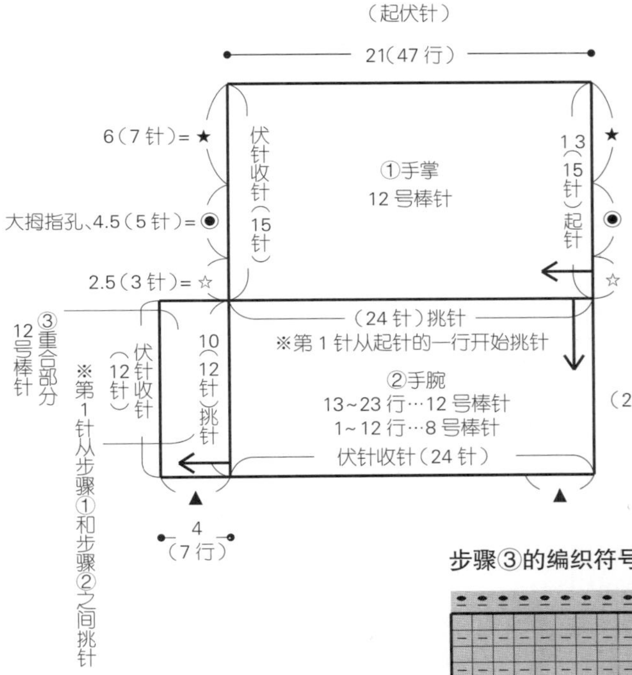

右手的编织图

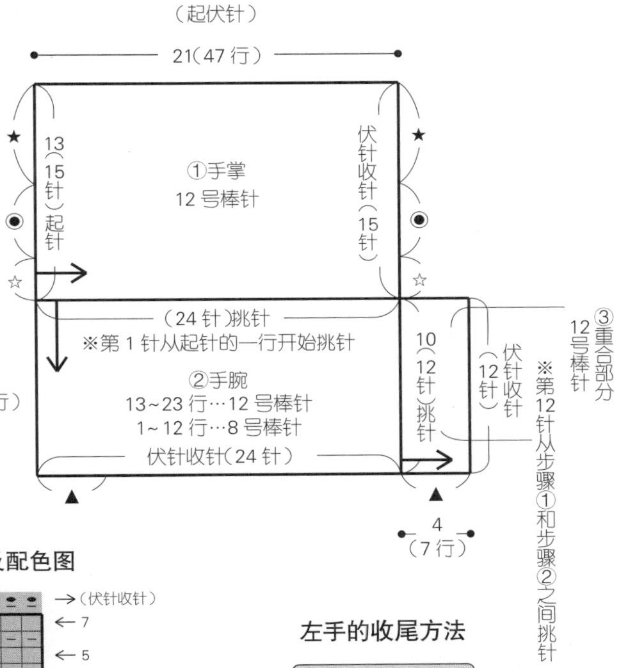

步骤③的编织符号及配色图

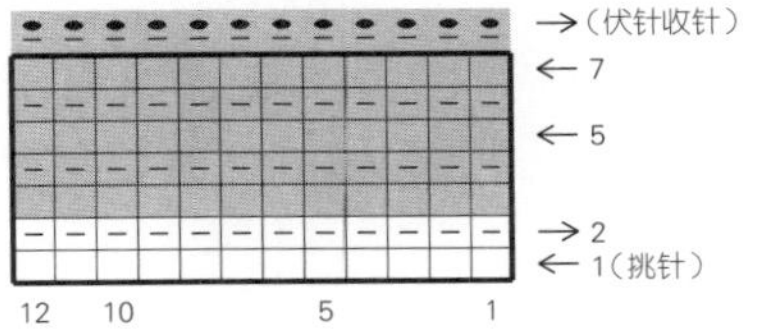

□ = 超粗平直毛线

▒ = 超粗花呢毛线

步骤①的编织符号及配色图

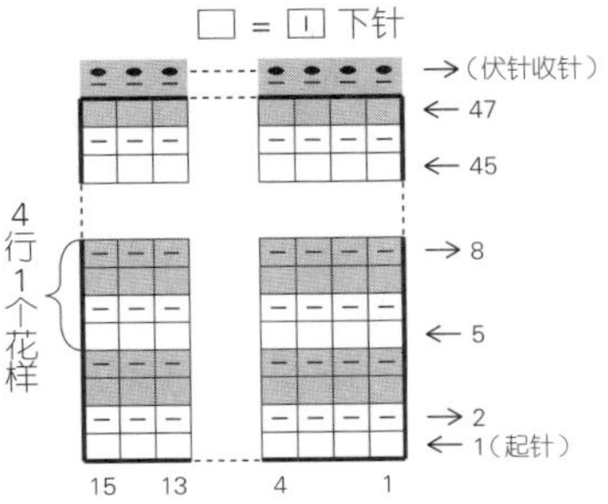

步骤②的编织符号及配色图

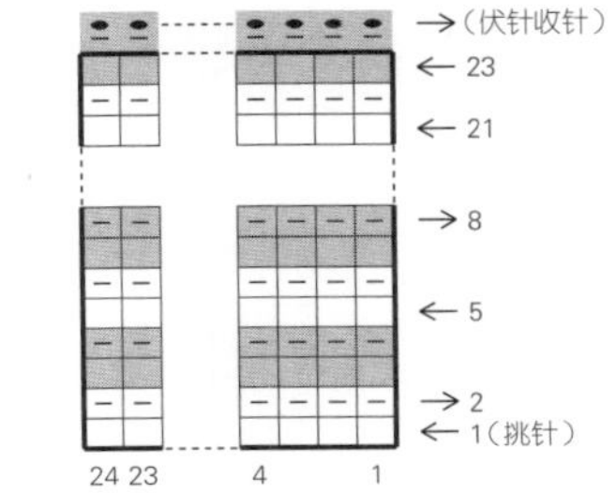

左手的收尾方法

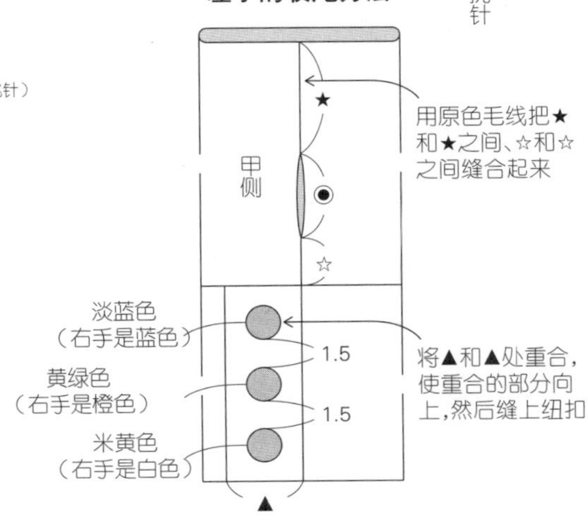

编织符号的编织方法

基本起针方法

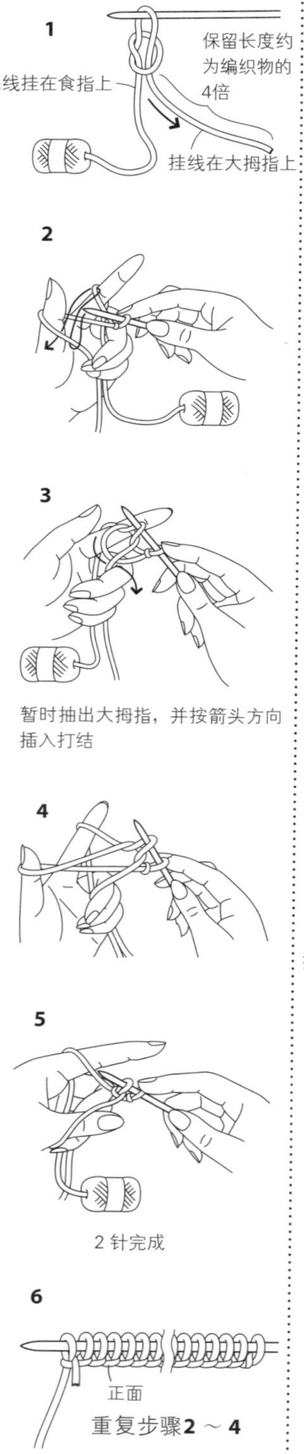

另线锁针起针

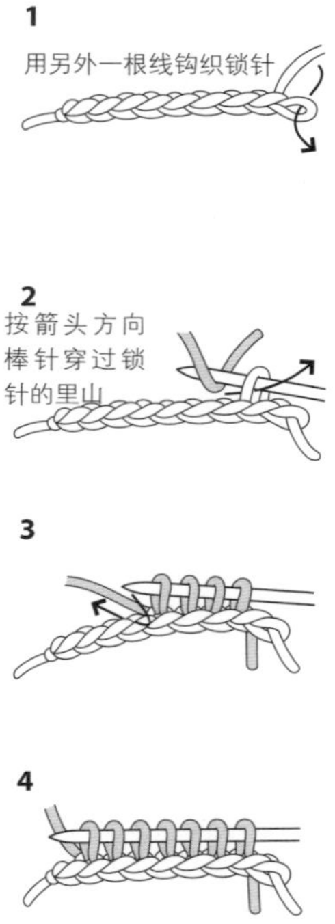

按相反方向编织的时候

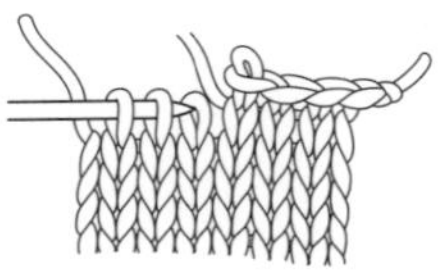

拆开另线锁针起针，按照图示挑针并按相反方向编织

下针

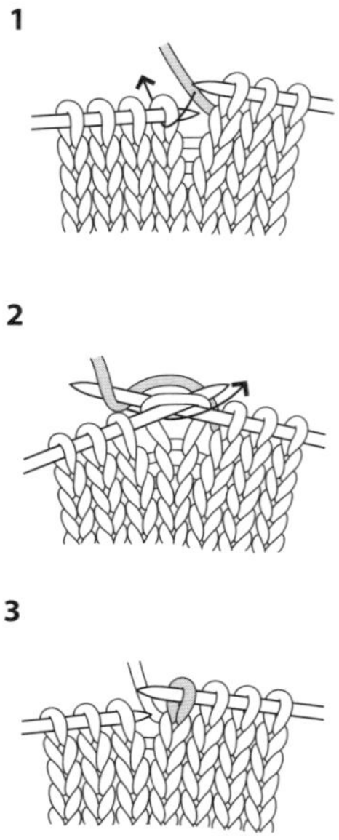

上针

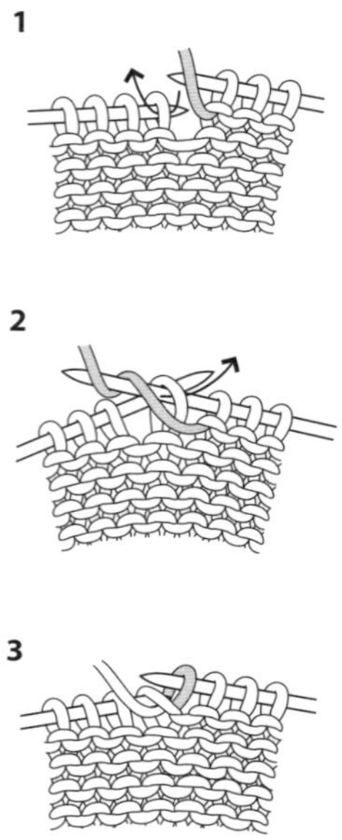

挂线

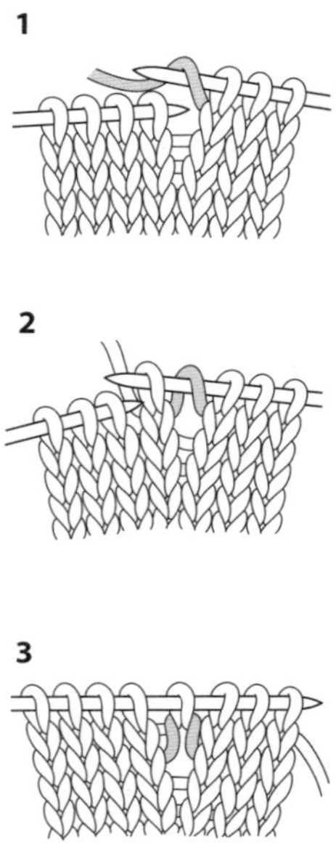

扭针

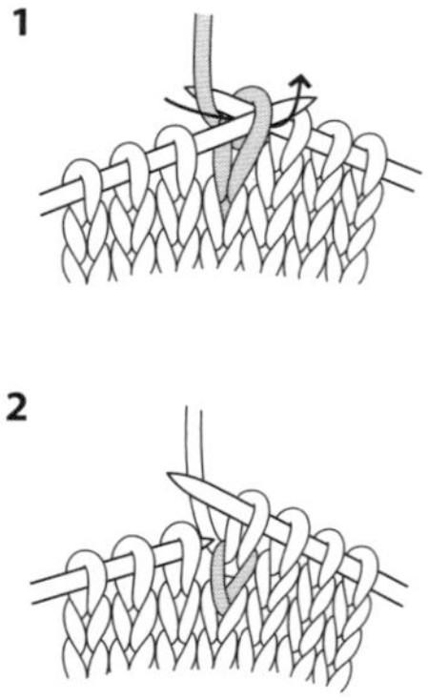

扭加针

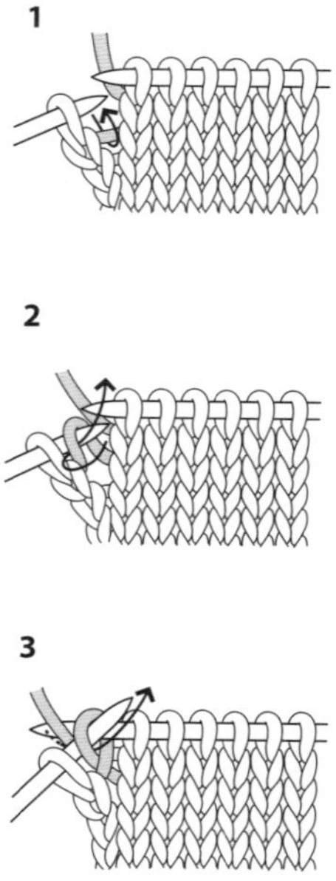

上针的扭加针

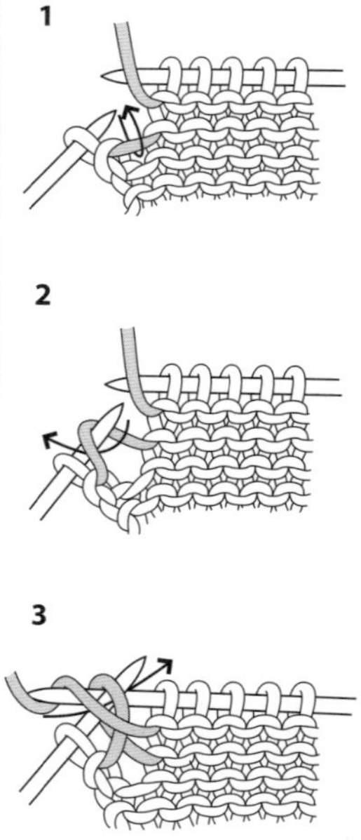

右上 2 针的交叉

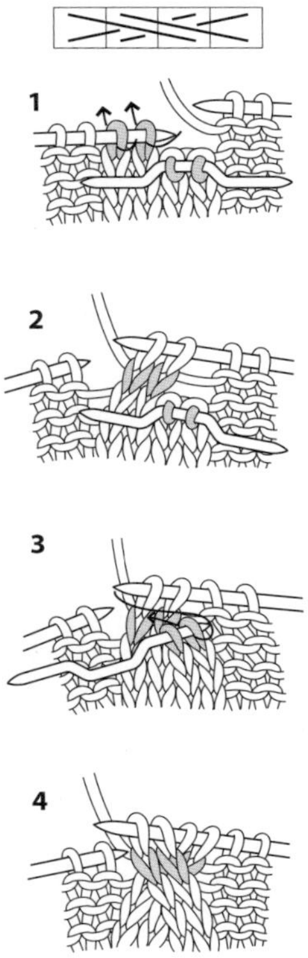

左上 2 针的交叉

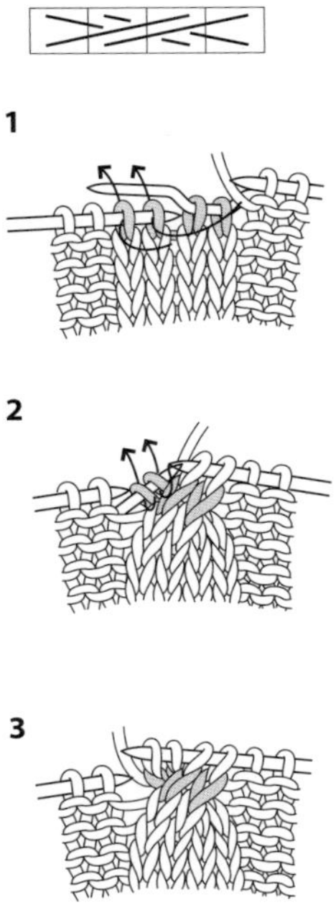

右上 3 针并 1 针

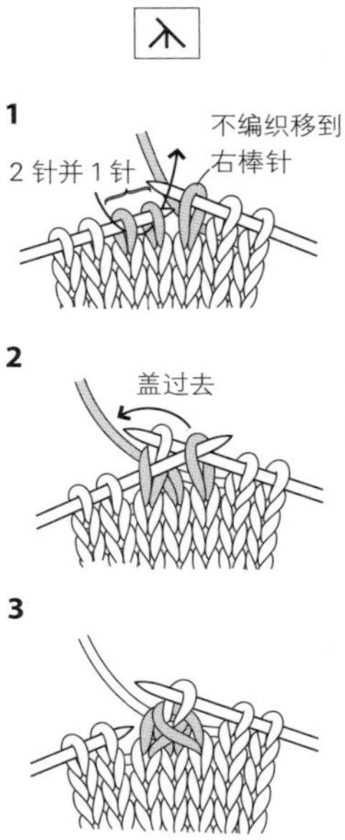

左上 3 针并 1 针

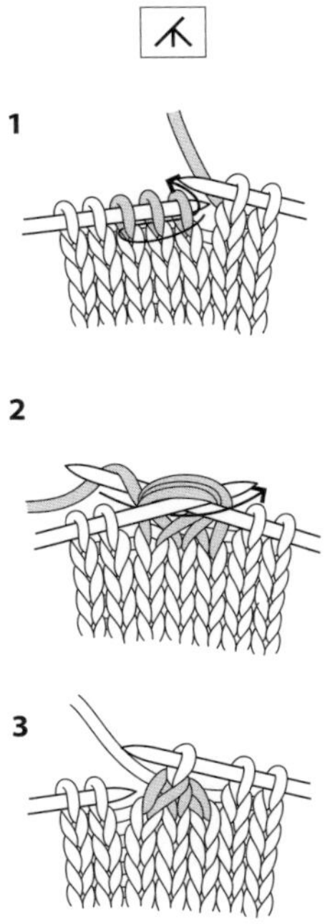

左上2针并1针

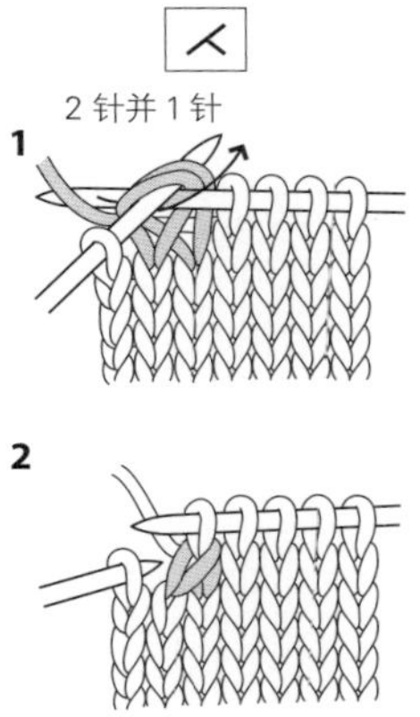

上针的左上2针并1针

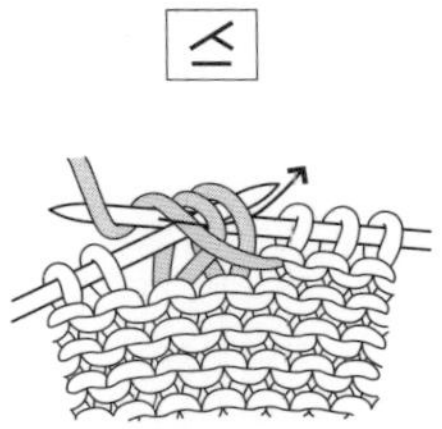

将右棒针按箭头方向插入到左棒针的 2 针中，并将 2 针一同编织上针

上针的左上 3 针并 1 针

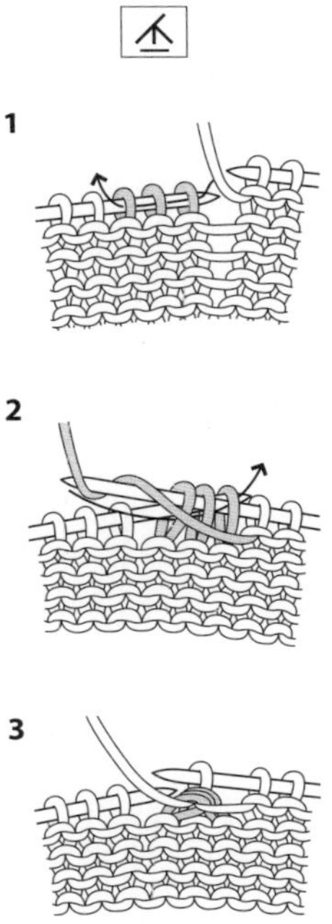

1 针放 3 针

下针、挂线、下针

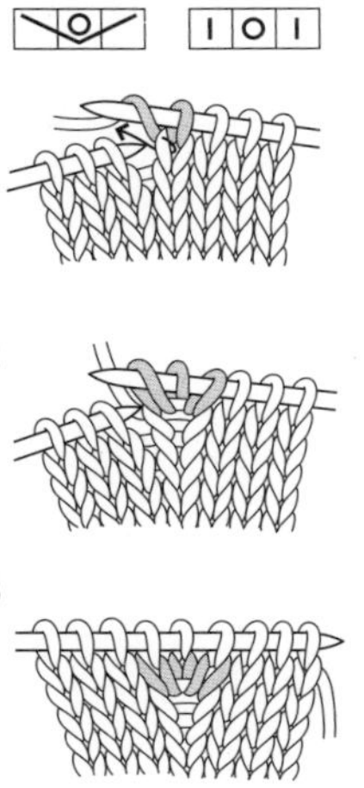

上针、挂线、上针

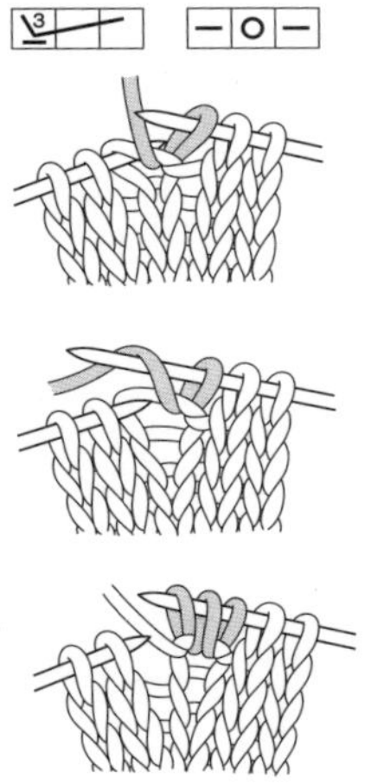

上针、下针、上针

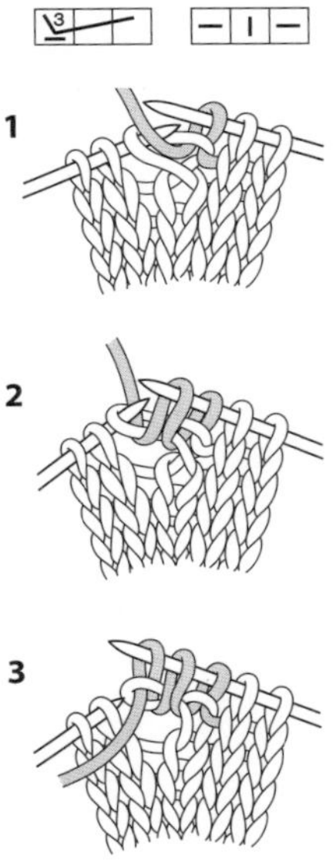

伏针收针

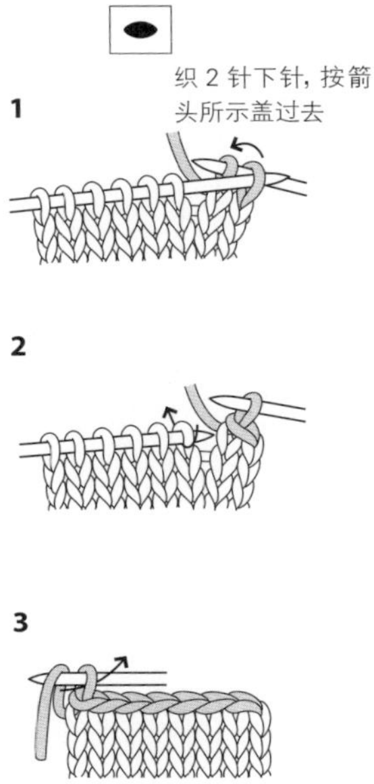

上针伏针收针

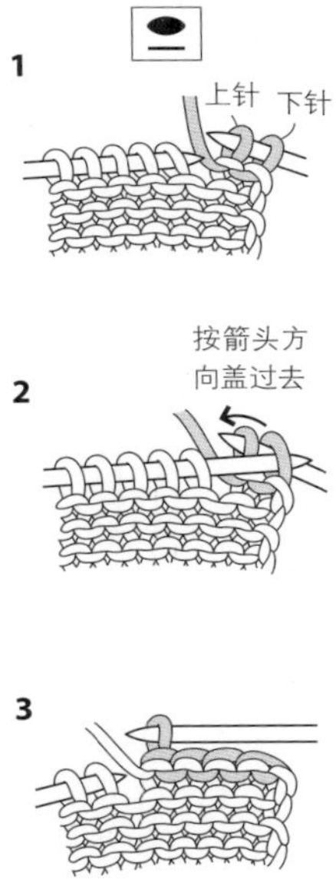

单罗纹针的收针

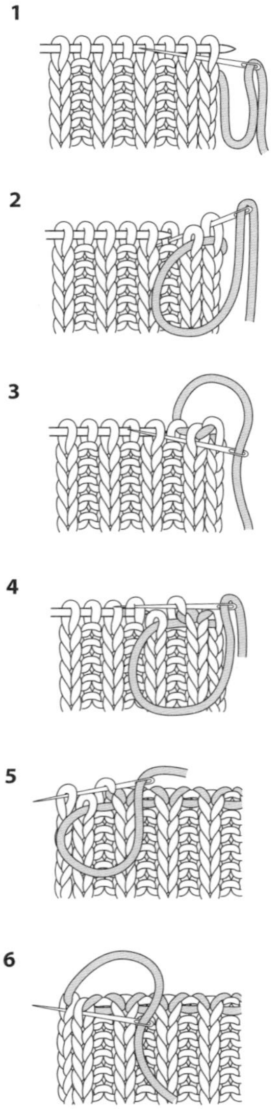

挑针的方法

1 从所织行挑针

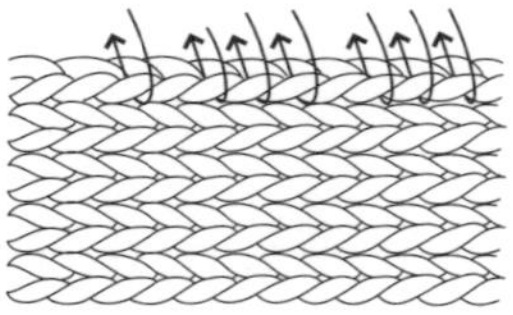

2 从起针针目挑针

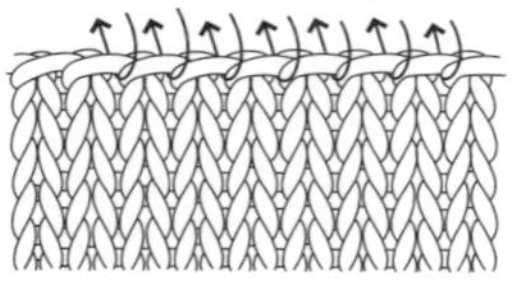

加入花样和配色方法

条纹的配色

（A、B 两种颜色每 2 行为 1 个条纹）

1

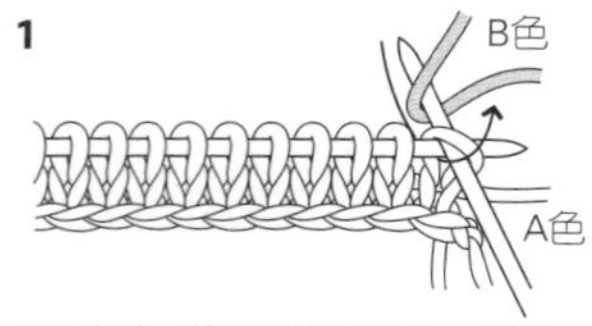

A色休针，将B色挂在针上，拉出。

2

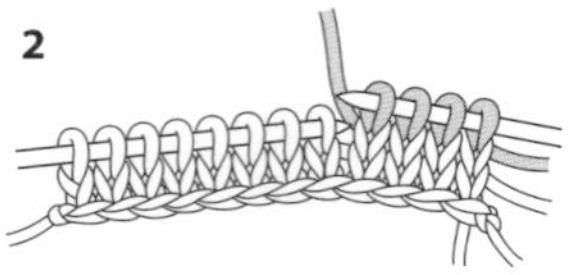

编织B色，直至终点。

3

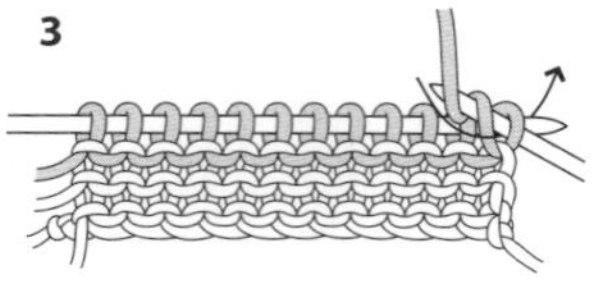

将织片翻过来，编织上针，直至终点。

4

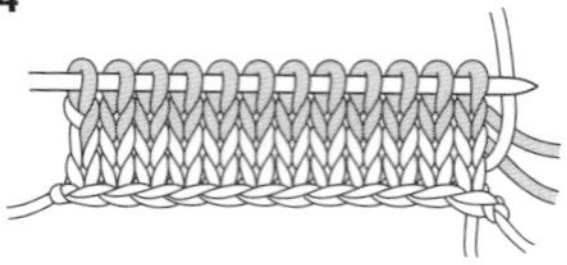

使用休针的A色编织下针。（A色从B色前面绕过）

5

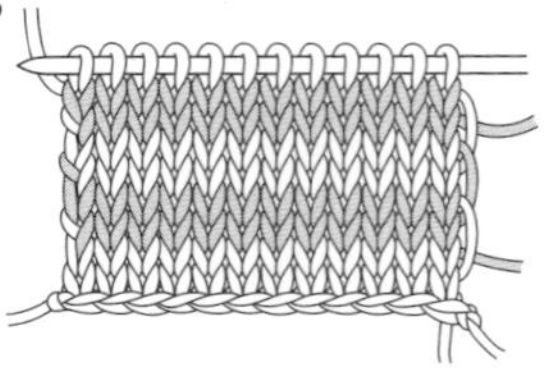

A、B两色每2行改变绕过的线持续编织。（编织线总是从休针线的前面绕过）

配色的渡线方法

（花样需要连续编织至编织物的边缘时）

1

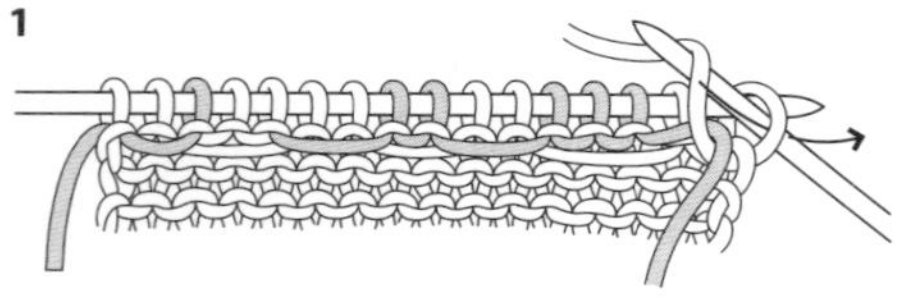

将配色毛线加入到主色毛线上，主色毛线编织上针。

2

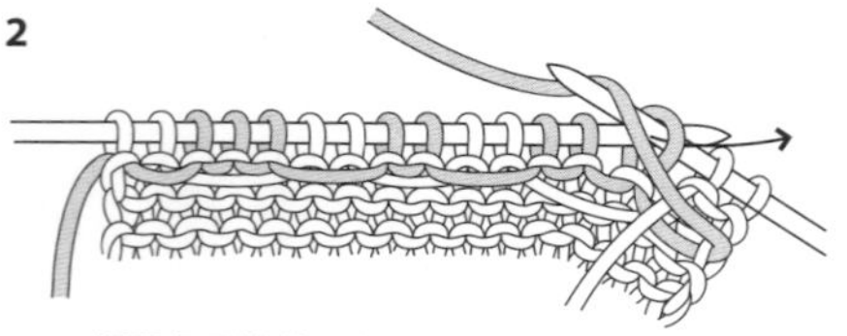

将配色毛线从主色毛线前渡过，编织上针。

3

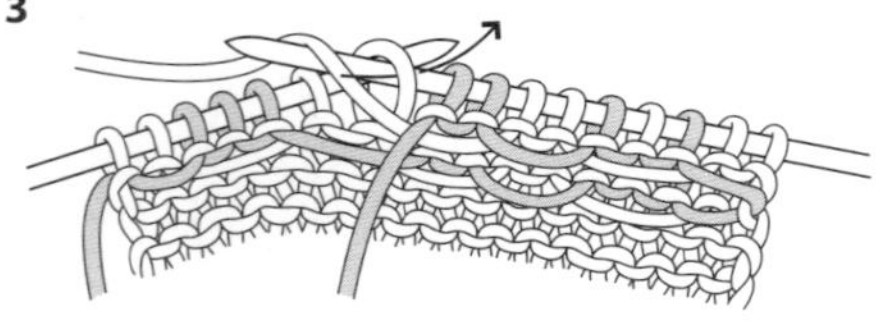

将配色毛线从主色毛线前渡过，按照花样编织。

4

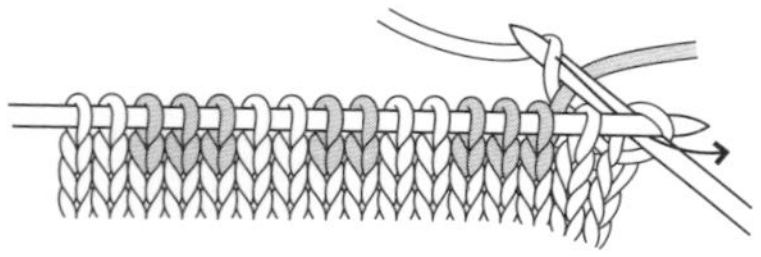

下针钉缝

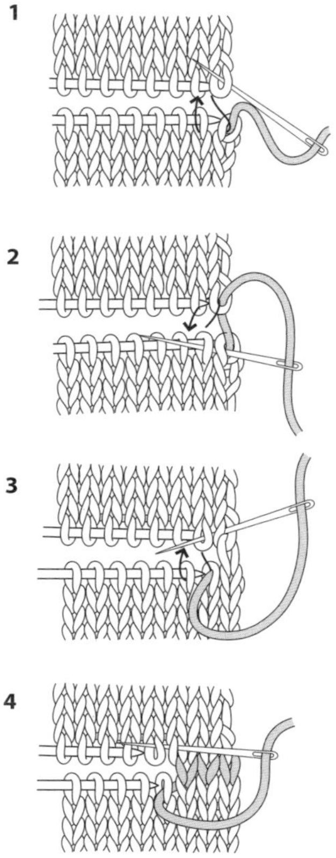

上针钉缝

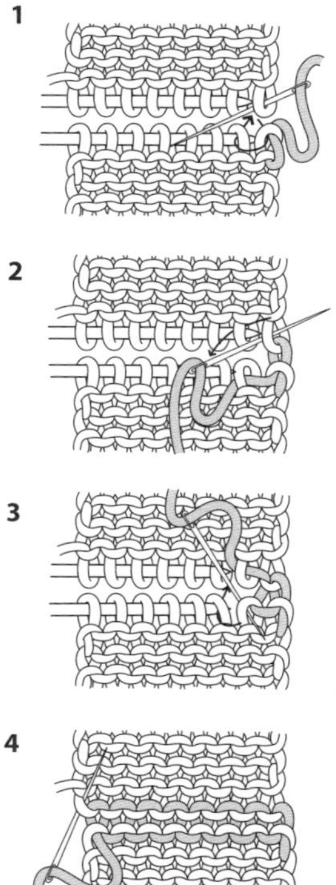

起伏针钉缝

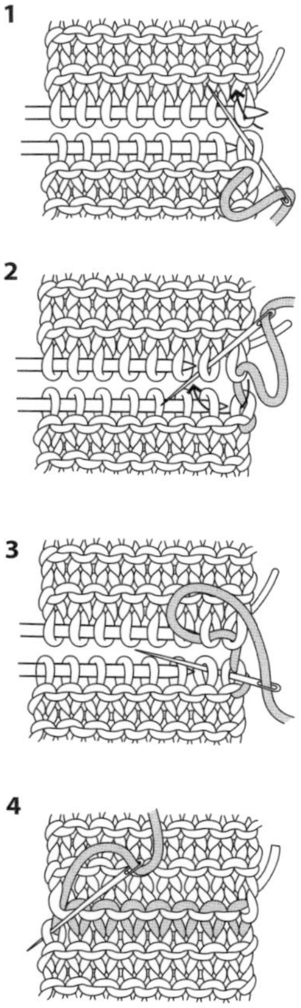

盖针钉缝

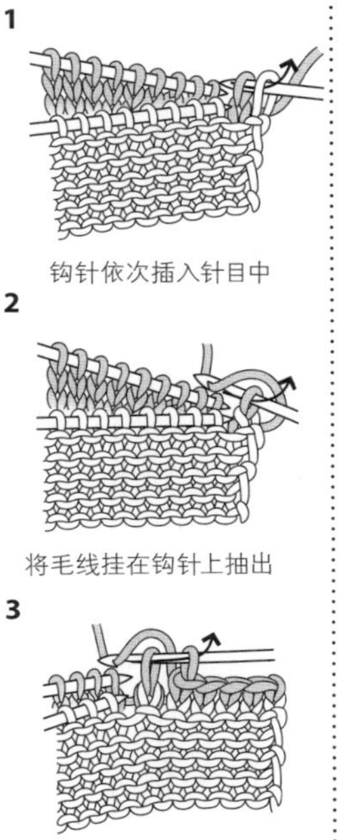

挑缀接缝

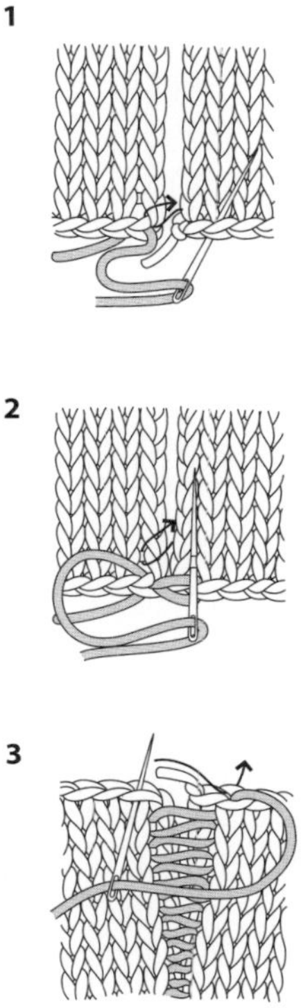

引拔钉缝

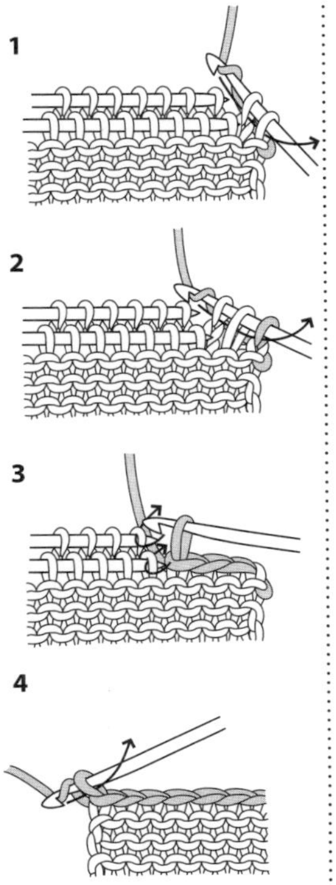

针目和行的钉缝

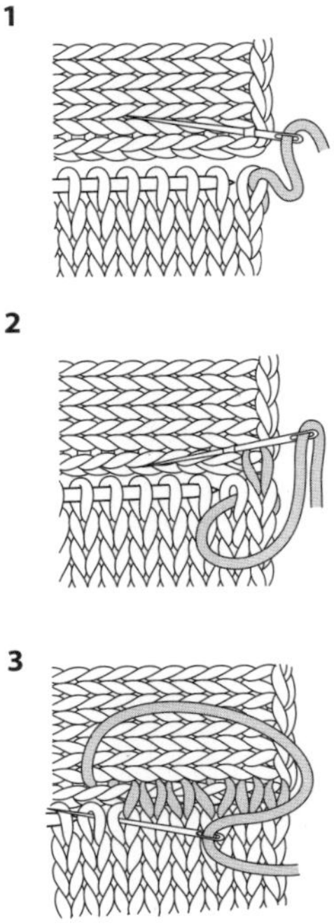

卷针缝接缝

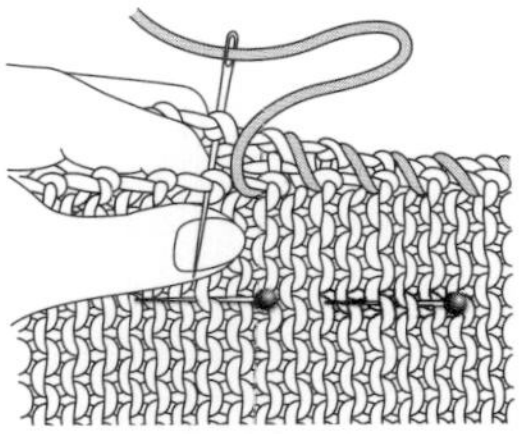

用珠针先将已织部分
固定住会比较方便

钩针

锁针

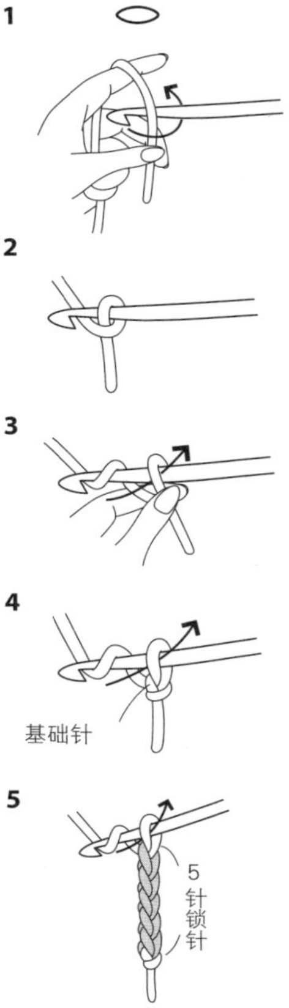

短针

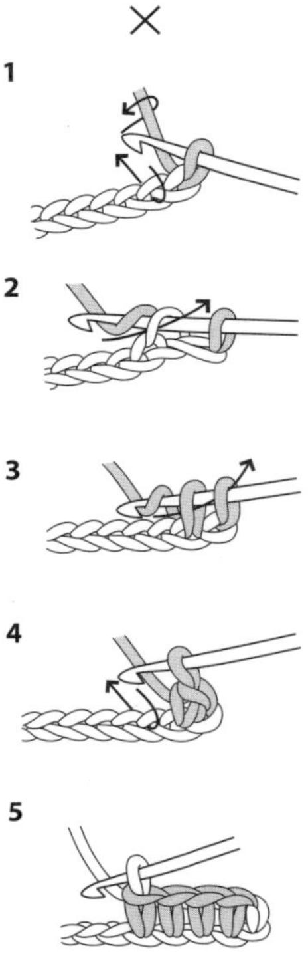

引拔针

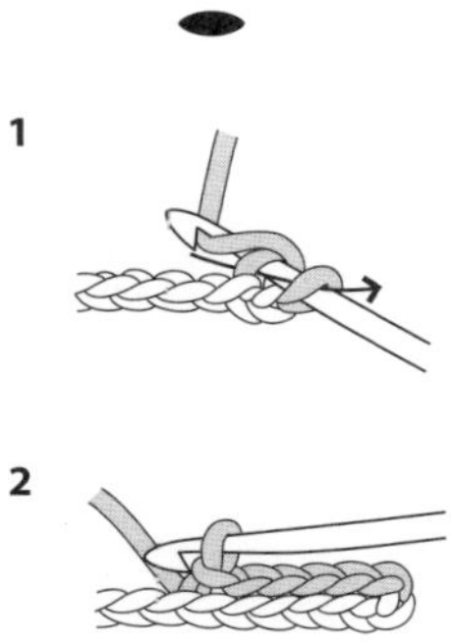

短针2针并1针

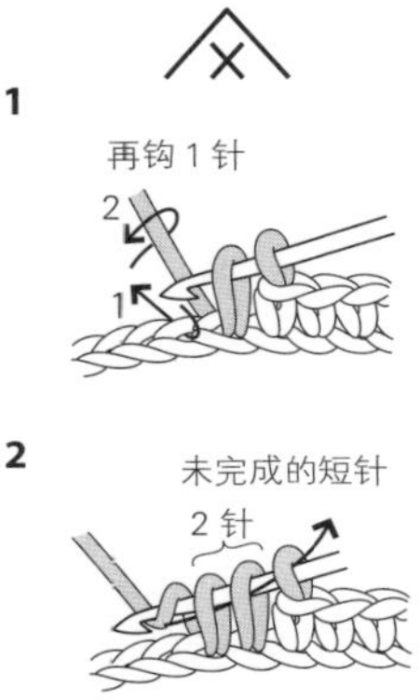

短针 1 针放 2 针

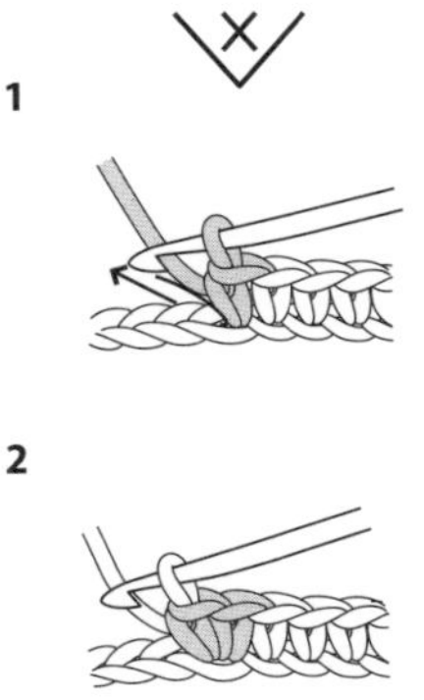

Massuguni Amu Knit
©NHK Publishing,Inc.2012
Originally published in Japan in 2012 by NHK Publishing,Inc.
Chinese(Simplified Character only) translation rights arranged through
TOHAN CORPORATION,TOKYO.

版权所有，翻印必究
著作权合同登记号：图字16—2014—022

图书在版编目（CIP）数据

简单的直编式毛衣和小物件 / 日本NHK出版社编著；王譞翾译. —郑州：河南科学技术出版社，2014.11
ISBN 978-7-5349-7385-7

Ⅰ. ①简… Ⅱ. ①日…②王… Ⅲ. ①毛衣–编织–图解②绒线–编织–图集 Ⅳ. ①TS941.763–64②TS935.52–64

中国版本图书馆CIP数据核字（2014）第237294号

出版发行：河南科学技术出版社
地址：郑州市经五路66号　邮编：450002
电话：（0371）65737028　65788613
网址：www.hnstp.cn
策划编辑：刘　欣
责任编辑：刘　欣
责任校对：张小玲
封面设计：张　伟
责任印制：张艳芳
印　　刷：北京盛通印刷股份有限公司
经　　销：全国新华书店
幅面尺寸：213 mm × 285 mm　印张：5　字数：100千字
版　　次：2014年11月第1版　2014年11月第1次印刷
定　　价：29.80元

如发现印、装质量问题，影响阅读，请与出版社联系并调换。